CHEMISCHE TECHNOLOGIE DER GESPINSTFASERN

V. TEIL

CHEMISCHE TECHNOLOGIE DER GESPINSTFASERN

**Praktisches Hilfs- und Lehrbuch
für Bleicher, Färber, Drucker und Ausrüster
sowie zum Unterricht
an Fach- und Hochschulen**

von

Dr. EUGEN RISTENPART
PROFESSOR AN DER STAATLICHEN AKADEMIE
FÜR TECHNIK UND FÄRBEREISCHULE
ZU CHEMNITZ

I. Teil: Die chemischen Hilfsmittel zur Veredlung der Gespinstfasern
II. Teil: Die Gespinstfasern
III. Teil: Die Praxis der Färberei
IV. Teil: Die Praxis der Bleicherei
V. Teil: Die Ausrüstung (Appretur)
VI. Teil: Die Druckerei (Erscheint demnächst)

Zugleich dritte Auflage von
Dr. Herzfeld „Das Färben und Bleichen“

BERLIN W
M. KRAYN, VERLAGSBUCHHANDLUNG

DIE AUSRÜSTUNG

(A P P R E T U R)

Allgemeine Ausrüstung, Merzerisation,
Seidenbeschwerung,
Wasserdicht- und Flammensichermachen,
Appreturanalyse

von

PROF. DR. E. RISTENPART

Mit 99 Abbildungen

M·KRAYN
BERLIN·W

1 9 3 2

Printed in Germany.

INHALTSVERZEICHNIS.

B. BESONDERE AUSRÜSTUNG

VERZEICHNIS DER ABKÜRZUNGEN.

Abb.	Abbildung
B.	Berichte der deutschen chemischen Gesellschaft
BASF	Badische Anilin- und Sodafabrik Ludwigshafen
Bayer	Farbenfabriken vormals Friedrich Bayer & Co., Leverkusen
Bd.	Band
° Bé	Grad Baumé
C.	Celsius
Cassella	Leopold Cassella & Co., Frankfurt a. M.
Ch. Ztg.	Chemiker-Zeitung
Chem. Centralbl.	Chemisches Centralblatt
cm	Zentimeter
D. A.	Deutsche Patentanmeldung
Diss.	Dissertation
D. R. P.	Deutsches Reichspatent
E. P.	Englisches Patent
Färb. Ztg.	Lehnes Färberzeitung
F. P.	Französisches Patent
g	Gramm
G. E.	Chemische Fabrik Griesheim-Elektron
I. G.	Interessengemeinschaft der deutschen Farbstoff-Fabriken
Journ. Chem. Soc.	Journal of the Chemical Society
kg	Kilogramm
m	Meter
M. f. Textilind.	(Leipziger) Monatsschrift für Textilindustrie
M. L. B.	Meister Lucius & Brüning, Höchst am Main
Nr.	Nummer
Rep.	Repertorium
S.	Seite oder siehe
s. a.	siehe auch
St.	Stunden
T.	Melliands Textilberichte, Heidelberg
Ullmann	Ullmann, Enzyklopädie der technischen Chemie, 2. Auflage, Berlin
Wollen- u. L.	Wollen- und Leinenindustrie, Reichenberg
Z. angew. Ch.	Zeitschrift für angewandte Chemie, Leipzig
Z. Farbenind.	Zeitschrift für Farbenindustrie
Z. ges. Textilind.	Zeitschrift für die gesamte Textilindustrie, Leipzig.

VORWORT.

Der vorliegende 5. Band der chemischen Technologie der Gespinstfasern behandelt die Ausrüstung (Appretur). Er bildet eine notwendige Ergänzung der vorhergehenden Bände, insbesondere der Praxis der Färberei und der Bleicherei.

Dementsprechend ist das Buch hauptsächlich für den praktischen Färber, Bleicher und Ausrüster und für den Unterricht an Textilfachschulen und -hochschulen geschrieben.

Das Hauptaugenmerk ist auf die chemische Seite der Vorgänge gerichtet. Ein besonderer ausführlicher Abschnitt ist der wichtigen Appreturuntersuchung gewidmet. Ebenso sind die Merzerisation und das Wasserdichtmachen ausführlich behandelt.

Bei Besprechung der mechanischen Bearbeitung der Ware durch Maschinen ist von konstruktiven Einzelheiten abgesehen worden. Die mechanische Technologie der Appretur ist von Bergmann und Marschik, Brenger, Glafey, Kinzer sowie in dem leider vergriffenen Handbuch des praktischen Maschinenkonstrukteurs von Uhland ausgezeichnet dargestellt worden.

Die im gleichen Verlage erschienenen und vergriffenen Bücher von J. Spennrath „Das gefahrlose Karbonisieren" und S. Mierzinsky „Herstellung wasserdichter Stoffe und Gewebe" sind durch das vorliegende Werk ersetzt worden.

Im vorliegenden Werke ist der Hauptwert auf gute Abbildungen gelegt worden, die den Lauf der Ware und die Arbeitsweise der Maschine erkennen lassen.

Dieses Bestreben ist in dankenswerter Weise wiederum von den deutschen Textilmaschinenfabriken unterstützt worden. Besonderer Dank gebührt dem Herrn Oberingenieur Fritz Reich in Chemnitz.

Ausrüstung (Appretur).

Der Name Appretur stammt von dem französischen „Apprêter“, d. h. zurichten, würzen, fertig machen. Danach könnte man unter Appretur eigentlich jede Behandlung von Gespinsten verstehen, die sie gebrauchsfertig zu machen geeignet ist, z. B. auch das Bleichen, Färben und Drucken; da diese Arbeiten aber in der Hauptsache nur die Farbe verändern, im übrigen der Faser ihre wesentlichen Eigenschaften belassen, so schließt man sie mit Recht von der Appretur aus und bespricht sie in besonderen Abschnitten (Bd. 3, 4 und 6).

Einteilung der Ausrüstung.

Man kann die Ausrüstung nach verschiedenen Gesichtspunkten einteilen, nämlich:

1. allgemeine Ausrüstung, die mit jeder Art von Gespinsten vorgenommen werden kann, z. B. das Waschen, Dämpfen, Sengen usw. und besondere, die z. B. nur mit bestimmten Arten von Gespinsten geschieht, z. B. Merzerisieren der Baumwolle;

2. Ausrüstung der Garne, der Gewebe usw.;

3. mechanische, lediglich mit Maschinen, und chemische, mit chemischen Hilfsmitteln;

4. Vorappretur vor und Nachappretur nach dem Bleichen, Färben und Drucken;

5. Baumwoll-, Wollausrüstung usw.;

6. nach Art und Zweck der einzelnen Ausrüstungsarbeiten.

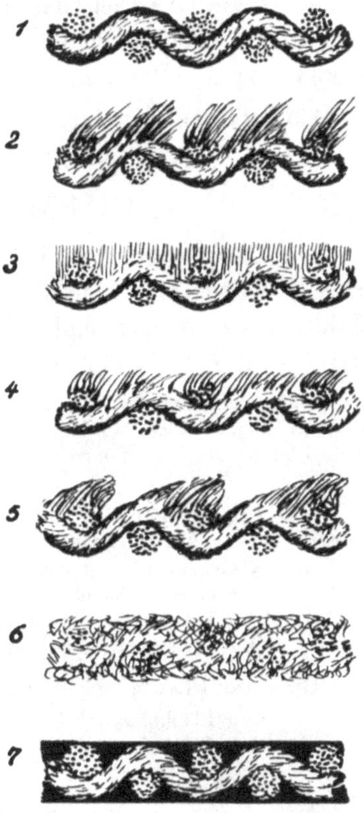

Abb. 1. Warengefüge nach verschiedenen Ausrüstungsarbeiten.

Sechs der wichtigsten Arbeiten sind in Abb. 1 veranschaulicht. 1. zeigt das Warengefüge im Rohzustand; 2. nach dem Rauhen; 3. nach dem Rauhen und Scheren; 4. nach dem Rauhen und Bürsten; 5. nach dem Rauhen und Verreiben zu Flocken (Ratinieren); 6. nach dem Walken und 7. nach der chemischen Ausrüstung des Stärkens, Leimens und Gummierens.

A. Allgemeine Ausrüstung.

a. Garne.

Hierunter versteht man die Ausrüstung der als solche verwendeten Garne, z. B. Eisengarn, Nähmaschinengarn, Stickgarn.

Dagegen ist das Schlichten (Bd. III, 378 und 400) als Vorbereitungsarbeit für die Weberei hier nicht zu besprechen.

I. VORAPPRETUR.

Sie besteht im Abkochen der Baumwoll- und Leinengarne (Bd. IV, 62 und 220), Waschen der Wollgarne (Bd. IV, 245), Waschen, Entschälen und Souplieren der Seidengarne (Bd. IV, 276, 278 und 281), woran sich das Bleichen oder Färben anschließt.

Über Seidenbeschwerung s. S. 108.

II. CHEMISCHE APPRETUR.

Die Garne werden ähnlich wie die Gewebe mit den S. 22 besprochenen Hilfsstoffen getränkt, hauptsächlich Baumwoll- und Leinengarne, Seidengarne weniger und Wollgarne ganz selten. Dies geschieht auf der Garnpassiermaschine (Bd. III, 242 und 308).

Eisengarne (Bd. III, 397) für Klöppeleien, Posamenten, Schnürriemen, Kabel und als Roßhaarersatz werden z. B. nach A. Herrmann (Wollen- und Leinen-Ind. 1926, 345) mit folgender Masse appretiert:

37 g Kartoffelstärke in 500 ccm Wasser,
8,5 g Dextrin „ 170 „ „
17 g Kartoffelmehl „ 330 „ „ verrühren,
4 ccm Universalöl zusetzen, aufkochen, abkühlen auf 75°,
4 g Japanwachs und
5 g Paraffin einrühren und für schwarze Garne
20 ccm Blauholzlösung zusetzen.

Die Blauholzlösung enthält im Liter:

50 g Blauholzextrakt,
50 g Gelbholzextrakt,
1 g Kaliumbichromat.

Nähzwirne werden z. B. mit folgender Masse appretiert:

70 % Kartoffelstärke,
12 % Japanwachs,
3 % Marseiller Seife,
3 % Glyzerin und für Schwarz
12 % Blauholzextrakt.

(S. a. A. Herrmann, Z. ges. Textilind. 1927, 164.)

Die chemische Appretur der Seidengarne s. Bd. III, 480.

III. NACHAPPRETUR.

Die appretierten Eisengarne werden auf der Lüstriermaschine bis fast zur Trockne gebürstet.

Solche Maschinen bauen F. Mattick in Pulsnitz i. Sa. und Ritterhaus & Blecher in Barmen, ferner B. Cohnen in Grevenbroich (Abb. 96, Bd. III, 397). (Z. f. ges. Textilind. 1931, 365.) Abb. 2 zeigt den Arbeitsgang.

Die appretierten Nähzwirne werden auch auf der Lüstriermaschine gebürstet.

Manche Zwirne läßt man auch auf der Fadenpoliermaschine über eine Wachsrolle laufen. Den Beschluß macht die Arbeit auf der Weife oder der Knäuelwickel- oder der Sternwickel- oder der Holzröllchenspulmaschine.

Solche Maschinen baut die Spinnereimaschinen-Fabrik Seydel & Co. in Bielefeld.

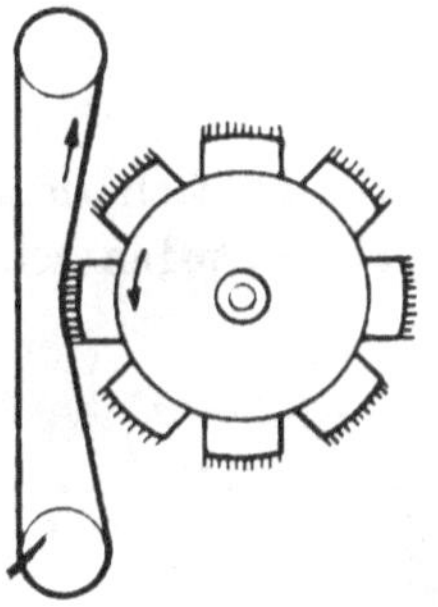

Abb. 2. Eisengarn-Lüstriermaschine.

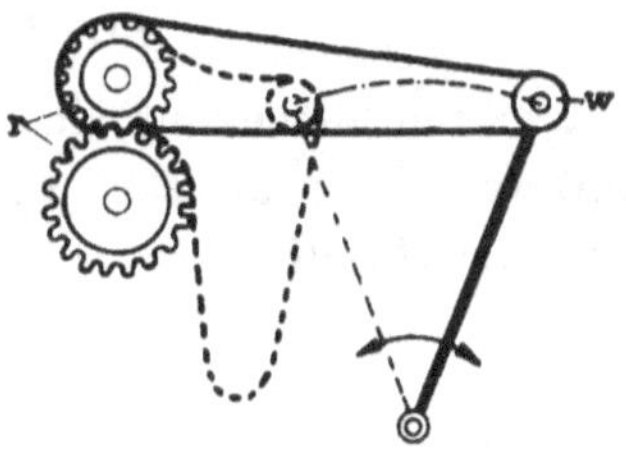

Abb. 3. Garnbreche.

Soll das gestärkte, steife Garn weich und geschmeidig gemacht werden, so wird es gebrochen, geschlagen oder gemangelt.

Gebrochen wird, indem der Strahn durch das Riffelwalzenpaar *r* (Abb. 3) hindurchgezogen und zugleich durch die schwingende Spannwalze *w* geschlagen wird.

Geschlagen wird auf der Garnschlagmaschine der Zittauer Maschinenfabrik, Bd. III, 395, Abb. 95.

Gemangelt wird auf der Garnmangel, Bd. III, 395, Abb. 94.

Die Nachappretur der Seidengarne s. Bd. III, 482.

Kunstseidengarne werden ähnlich wie Souple (Bd. I, 227) oder im Einbadverfahren mit entsprechenden Mitteln entglänzt (mattiert).

b. Gewebe.

I. VORAPPRETUR.

1. Baumwolle.

Literatur: E. Rüf, „Die Praxis der Baumwollwaren-Appretur". Wien 1930.

Das Zeichnen, Heften, Sengen, Scheren und Rauhen ist bereits unter Bleicherei, Bd. IV, 67—84 beschrieben.

Hier sei noch folgendes nachgetragen:

Zum Rauhen der Baumwollgewebe (Bd. IV, 83, Abb. 52; s. a. Wollen, und L. 1929, 495).

Die Kratzen bestehen aus Aluminoiddraht, der in eine mit Kautschuk überklebte Baumwollstoffunterlage eingestochen wird. Die Kratzenbänder sind schraubenförmig um eine Eisenwalze gewunden, die sich entgegengesetzt dem Lauf der Ware dreht.

α. Strichrauhen.

Die Rauhwalzen sitzen auf einer Trommel, die sich in gleicher Richtung mit der Ware bewegt. Die Rauhwalzen laufen schneller um, als die Ware fortschreitet.

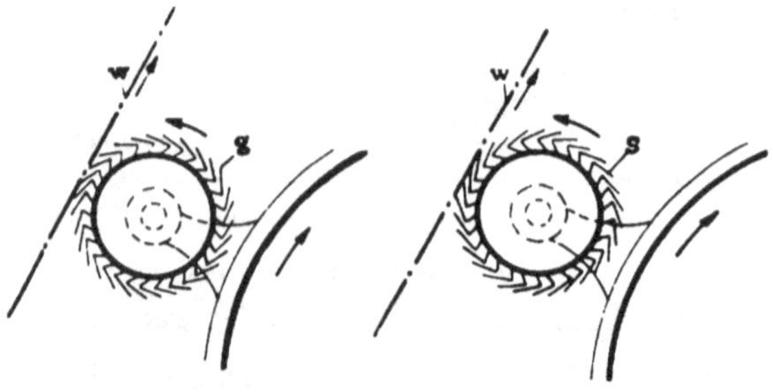

Abb. 4. Gegenstrich- und Strichwalzen.

Die Richtung der Drahthäkchen wechselt von Walze zu Walze (Abb. 4). Bei den „Strichwalzen" *s* stehen sie in der Richtung des Warenlaufes, sollen nur entwirren, bei den „Gegenstrichwalzen" *g* stehen sie entgegen und besorgen das eigentliche Rauhen. Die Häkchen sind im oberen Drittel abgebogen und laufen in scharfe Spitzen aus. Die Spitzen müssen auf besonderen Maschinen von Zeit zu Zeit nachgeschliffen werden.

Die Ware muß gewöhnlich vier- bis sechsmal über die Maschine geschickt werden, damit die Elementarfasern langsam und schonend aus dem Faden gelockert und herausgezogen werden, ohne abgerissen zu werden. Die Trommel hat 30 (oder 36) Walzen.

Das Strichrauhen ergibt einen langen Flor, dessen Härchen nach einer Richtung „gestrichen" sind.

β. Filzrauhen.

Hier dreht sich die Trommel entgegengesetzt der Ware, die Rauhwalzen aber mit der Ware und die Häkchen stehen ebenfalls in der Richtung des Warenlaufes. Dadurch wird der auf einer Strich-Gegenstrich-Rauhmaschine erzeugte Flor in seiner Richtung umgekehrt. Die Härchen legen sich um, verschlingen und verfilzen sich. Es entsteht eine kürzere, aber widerstandsfähigere Rauhdecke.

Strich- und Filzrauhen werden nacheinander ausgeführt bei den samtähnlichen Velvetons, feinfädigen Schußsatins (Bd. II, 55), die zunächst auf der linken Seite drei- bis viermal strich- und dann rechts vier- bis fünfmal filzgerauht werden. Danach wird rechts geschoren oder plattengesengt, darauf entschlichtet und ausgekocht auf dem Jigger, auf dem dann auch gefärbt wird.

Zum Schluß wird abgesaugt und auf dem Zylinder getrocknet.

Etwas umständlicher wird nach dem Rauhen gleich mit Diastafor entschlichtet, auf der Zwei-Zylindermaschine beidseitig getrocknet, wieder filzgerauht und nun erst geschoren und plattengesengt usw.

Eine besondere Vorappretur erfordern die baumwollenen Velvet und Kord (Bd. II, 60).

Sie werden zunächst auf der Stärkemaschine S. 43 auf der rechten (Pol-)seite mit einer 50° warmen Natronlauge 1½—2° Bé unter Zusatz von 3 g Marseiller Seife auf 1 Liter appretiert (präpariert), um den Pol geschmeidig und schneidbar zu machen. Auf der Zylindertrockenmaschine (Bd. III, 407) wird die Ware nur einseitig an die Zylinder gelegt.

Darauf wird die linke Seite mit 50° warmem 2 %igem Stärkekleister gesteift (gepappt) und wieder getrocknet.

Dann wird geschnitten, auf Hand- oder Kurbelschneidestühlen oder Kordschneidemaschinen oder nach D. R. P. 288 657 auf dem Webstuhl,

auf der Färbekufe (Bd. III, 365, Abb. 63) diastatisch entschlichtet (ausgepantscht) und in Spülkästen kalt gewaschen,

auf der Absaugmaschine (Abb. 7) auf der rechten Seite abgesaugt und auf der Einzylinder-Trockenmaschine getrocknet.

Zum Lockern und Aufrichten des Flors wird nun Velvet auf der Rundbürstmaschine mit fünf Bürstwalzen von A. Monforts (M.-Gladbach), Kord auf der Bandbürstmaschine (Naßdrossel) mit sechs quer zur Warenrichtung laufenden, endlosen, über Scheiben geführten Bürstbändern, ebenfalls von Monforts, gebürstet.

Am Eingang der Bandbürstmaschine befindet sich ein Wasserkasten mit darin gelagerter Tauchwalze. Eine Anstellwalze führt die Ware mit der rechten Seite zum heißen Netzen an die Tauchwalze heran. Am Ausgang befinden sich noch 2 mit Spiral-Stahlbürstband versehene Rundbürsten. Kord wird 5—8mal durchgearbeitet mit 9 m Warengeschwindigkeit in der Minute und läuft schließlich auf die Ein-Zylinder-Trockenmaschine zum Trocknen auf der Rückseite.

Bei der nunmehr folgenden Querbürstmaschine von Monforts wird mit zwölf Querbürsten auf genau einstellbaren Führungswalzen und zwei Rundbürsten gebürstet. Am Eingang der Maschine befindet sich ein Dämpfer. Bei Velvet schließt sich noch Bandbürsten an und Sengen auf der Zylindersenge (Bd. IV, 70, Abb. 37), worauf nochmals quer- und bandgebürstet wird.

Nun wird geschoren (geringere Kord nicht). Kord kommt noch auf die Gassenge und Querbürste.

Den Beschluß macht die Plattensenge (Bd. IV, 68, Abb. 35).

Jetzt wird auf dem Jigger gefärbt, nach dem Absaugen und Trocknen aber nochmals quergebürstet und (Velvet) geschoren (mit festem Tisch).

S. a. „Aus der Praxis der Samtausrüstung", Z. ges. Textilind. 1931, 39.

O. Gaumnitz, „Die Ausrüstung von Baumwollsamt und samtähnlichen Geweben", Wollen- und L. 1910, 182.

2. Wolle.

Literatur: W. Jansen, „Die verschiedenen Appreturverfahren der Streichgarn-, Kammgarn- und Cheviotstoffe", Leipzig 1904. N. Reiser, „Die Appretur der wollenen und halbwollenen Waren", Leipzig, 1899.

α. Streichgarnstoffe.

Das Entgerbern, Karbonisieren, Walken und Rauhen ist bereits unter Färberei, Bd. III, 417—420 beschrieben. Hier sei noch folgendes nachgetragen:

Zur Karbonisation der Streichgarnstoffe.

Planmäßige Versuche hat J. Spennrath, der Direktor der gewerblichen Schulen der Stadt Aachen, angestellt und unter dem Titel „Das gefahrlose Karbonisieren" im Verlage von M. Krayn 1900 veröffentlicht. Sie betreffen:

1. Einfluß der Säurestärke.

Lappen Kammgarnstoff, 10 × 20 cm, wurden mit Schwefelsäure von zunehmender Stärke getränkt, zwischen Gummiwalzen abgequetscht, an der Luft getrocknet und zwei Stunden auf 100° erhitzt, mit Sodalösung entsäuert, gewaschen, getrocknet und in 8 cm Breite in der Kettenrichtung gerissen. Es ergaben sich folgende Reißfestigkeiten in kg:

%-Gehalt der Säure	0	1	2	3	4	5	6	7	8	9	10
Reißfestigkeit	38	37	36	35	35	33	31	30	29	26	24

3—4 %ige Schwefelsäure ist noch zulässig und ausreichend.

2. Einfluß der Temperatur.

Mit 10%iger Schwefelsäure getränkte Lappen wurden wie unter 1 behandelt, aber bei steigender Temperatur zwei Stunden erhitzt:

Temperatur in ° C.	40	60	80	100	120
Reißfestigkeit	34	31	27	24	20

Stärkere Säure wirkt schon bei niedriger Temperatur schädlicher als schwächere bei höherer.

3. Einfluß der Stärke der Aluminiumchloridbäder.

Mit Aluminiumchloridlösungen von zunehmenden Graden Bé getränkte Lappen wurden zwei Stunden auf 115° erhitzt und im übrigen wie unter 1 behandelt; nur die Soda wurde beim Waschen fortgelassen:

Bé des Aluminiumchlorids	1	2	3	4	5	6	7	8	9	10
Reißfestigkeit	37	36	35	35	34	34	33	33	33	32

Aluminiumchlorid schont die Wolle, weil die Salzsäure erst bei hoher Temperatur auftritt und sich alsbald verflüchtigt. Die in der Ware abgeschiedene Tonerde verleiht ihr aber ein mattes Aussehen und einen matschigen Griff.

4. Einfluß der Stärke der Salzsäure.

Mit Salzsäure von zunehmenden Graden Bé getränkte Lappen wurden wie unter 1 behandelt:

° Bé der Salzsäure	1	2	3	4	5	6	7
Reißfestigkeit	36	29	28	25	20	12	5

Salzsäure ist zum Karbonisieren nicht zu gebrauchen.

5. Einfluß der Stärke von Natriumbisulfatlösungen.

Mit Natriumbisulfatlösungen von zunehmender Stärke getränkte Lappen wurden wie unter 1 behandelt:

%-Gehalt der Lösung	1	2	3	4	5	6	7	8	9	10
Reißfestigkeit	39	38	37	36	36	36	36	35	35	34

Die Lappen waren etwas breiter als 8 cm, daher fielen die Reißfestigkeiten durchgehends höher aus als bei den Versuchen 1—4.

Man kann Natriumbisulfat als Schwefelsäure in fester Form auffassen. Es vermag daher ebensogut wie Schwefelsäure zu karbonisieren, ohne die Wolle mehr anzugreifen.

6. Einfluß der Stärke der Magnesiumchloridlösungen.

Lappen Streichgarnstoff, 10 × 20 cm, wurden mit Magnesiumchloridlösungen von zunehmender Stärke getränkt, ausgepreßt und zwei Stunden auf 130° erhitzt, darauf gespült, getrocknet und in 8 cm Breite in der Kettenrichtung gerissen. Ein nicht getränkter und nicht erhitzter Lappen hatte die Reißfestigkeit 59 kg.

%-Gehalt der Lösung	1	2	3	4	5	6	7	8	9	10
Reißfestigkeit	59	57	57	56	55	55	54	53	53	52

Magnesiumchlorid schont die Wolle ähnlich wie Aluminiumchlorid. Dafür muß die Gilbung der Wolle durch die hohe Temperatur mit in den Kauf genommen werden.

7. Einfluß des Karbonisierens auf die Walkfähigkeit.

Abschnitte Streifgarnstoff, 80 cm lang und 51 cm breit, wurden mit Schwefelsäure, Natriumbisulfat und Magnesiumchlorid in zunehmender Stärke karbonisiert und wie oben behandelt; darauf wurde auf einer Hemmerschen Walke gewalkt und nach dem Trocknen gemessen, wieviel die einzelnen Stücke in der Länge eingegangen waren. Ein nicht karbonisiertes Stück war 17 % eingegangen.

%-Gehalt der Lösung	1	2	3	4	5	6	7	8	9	10
%-Eingang in der Länge										
bei Schwefelsäure	20	20	20	17	16	15	12	12	10	10
bei Natriumbisulfat	17	17	18	19	18	18	18	16	15	15
bei Magnesiumchlorid	16	16	17	17	17	17	18	15	12	12

Wie zu erwarten, verringert das Karbonisieren innerhalb der üblichen Vorschriften die Walkfähigkeit nicht. Erst, wenn die Wolle durch übertrieben starke Karbonisierflotten geschädigt wurde, walkt sie auch nicht mehr so gut.

8. Durch das Karbonisieren verursachte Flecken.

In Lehrbüchern steht und von Praktikern wird behauptet, daß die gesäuerte Ware nicht vom Lichte getroffen werden dürfe. Diese Anschauung ist irrig; nicht das Licht verursacht die Flecken, sondern die durch die Erwärmung veranlaßte Eintrocknung und Erhöhung des Säuregehaltes. Zu starke Säure schädigt die Wolle. Die geschädigte Wolle färbt sich heller an.

Flecken entstehen in karbonisierten Waren ganz allgemein, wenn die Karbonisierflüssigkeit in der Ware ungleiche Stärke angenommen hat, sei es durch Hängenlassen nach unten, sei es durch ungenügendes Ausschleudern, sei es durch teilweises Antrocknen.

Daraus ergeben sich folgende Regeln:

Man schleudere so weit aus, daß die Karbonisierflotte in der Ware nicht mehr der Schwerkraft nach unten folgen kann.

Aus demselben Grunde trockne man vor dem eigentlichen Karbonisieren. In den Karbonisieröfen wird stets erst in besonderen Kammern mit warmer Luft schnell vorgetrocknet, ehe die Ware zu längerem Aufenthalt in den Karbonisierraum tritt.

Kann man aus irgendwelchen Gründen die gesäuerte Ware nicht gleich schleudern, so decke man nasse wollene Tücher darüber oder gehe lieber, wenn die Schleuder frei, nochmals auf das Säurebad zurück.

Man schleudere nicht zu lange; 20 Minuten bei 700 Umdrehungen genügen. Dabei sorgen nasse Umschlagtücher dafür, daß das Umschlagende des Stückes nicht antrocknet. Die Schleuderkessel können dann sogar aus Kupfer sein. Sicherer ist es freilich, wenn sie mit Hartgummi verkleidet sind.

Diese Regeln sind von R. E. Billig (T. 1924, 533) aus seiner Praxis heraus bestätigt worden. Billig hat dann weiter noch auf folgende Regeln zur Verhütung von Flecken hingewiesen:

Zum Neutralisieren baumwollener Zierleisten verwende man keine zu stark alkalische Lösung. Für die übliche 3½grädige Schwefelsäure genügt 7° Bé Wasserglas. Man erhält sonst beim Färben etwa 4 cm breite dunkle Leisten.

Abb. 5. Strangsäureeinrichtung.

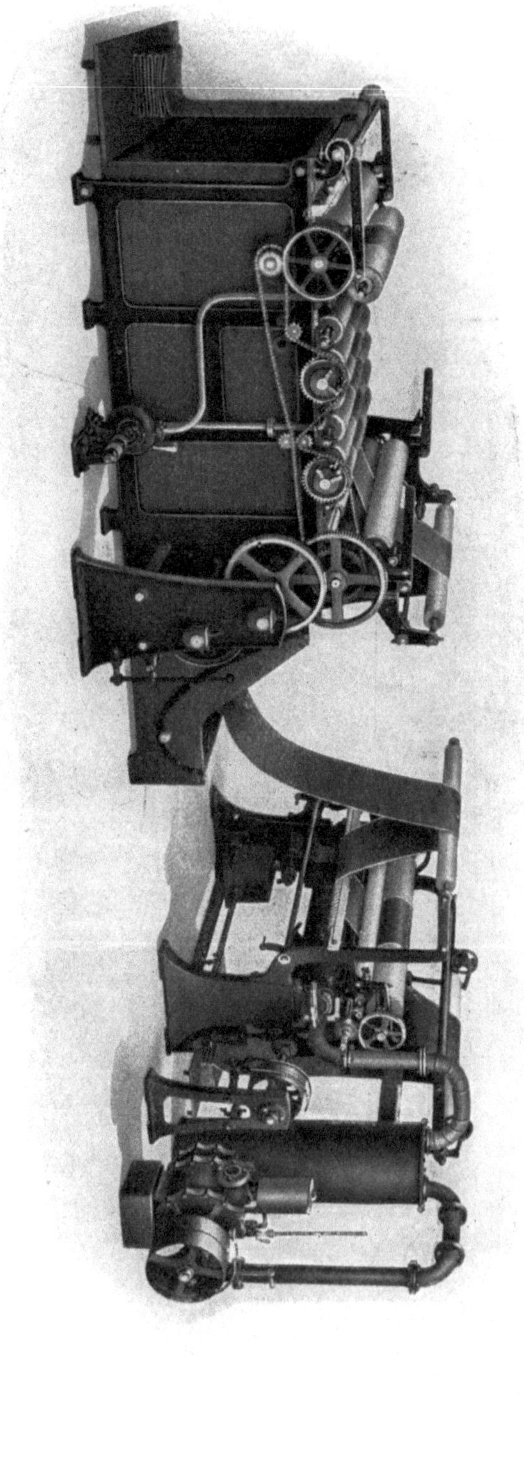

Abb. 6. Breitsäureeinrichtung.

Die Schwefelsäure verwende man nur 3,5, höchstens 4° Bé, wenn die Ware nur Kletten oder Pflanzen f a s e r n enthält. Nur, wenn Baumwoll f ä d e n zu entfernen sind, gehe man bis auf 4,5° Bé. Höhere Grade sind auch dadurch gefährlich, daß die Neutralisation der baumwollenen Zierleisten mit dem 7° Bé Wasserglas unvollkommen wird. Es treten dann helle Streifen von etwa 2 cm Breite neben der Baumwollleiste auf.

Auch glaube man nicht, daß dichte, schwere Ware stärkere Säure erfordere. Es muß nur dafür gesorgt werden, daß die Säure die Ware durchdringt. Hier leistet nun der Zusatz eines Netzmittels wie L e o n i l *S* (M. L. B.) vorzügliche Dienste. Man setzt davon 2,5 g auf 1 Liter Säurebad zu und kann in der Stärke der Säure auf 2° Bé zurückgehen.

S. a. K. W o l t e r , Das Karbonisieren von Wolle und Wollwaren, Spinner und Weber 1 9 3 2, Nr. 3.

Abb. 5 zeigt eine S t r a n g s ä u r e e i n r i c h t u n g der Firma Ernst G e ß n e r in Aue mit Säurebottich, Quetschwerk und anschließender Pendel-Schleuder. Die Ware läuft im Strang je nach Schwere 15 bis 30 Minuten über den Holzhaspel in der Säure. Nach dem Schleudern wird sie aufgetafelt und der Karbonisiermaschine vorgelegt.

Abb. 6 eine B r e i t s ä u r e e i n r i c h t u n g derselben Firma. Die breitgetafelte Ware wird durch ein Zugwalzenpaar über Spannriegel und Breithalter in den Säurebottich gezogen. Hier läuft sie über mehrere Leitwalzen durch die saure Flotte herein und heraus, wird dabei einmal unter der Flotte durch ein Quetschwerk ausgepreßt, damit etwaige Luftblasen herausgebracht werden und gründlich genetzt wird. Gleichzeitig wird die saure Flotte durch eingeblasene Luft in ständiger Wallung gehalten und so für überall gleichmäßige Stärke gesorgt. Schließlich wird abgequetscht. Die Ware läuft über eine Leitwalze in die N a c h s ä u e r u n g s m u l d e , wo sie zusammengefaltet langsam nach unten rutscht. Darauf wird sie (stark a b g e p r e ß t und weiterhin) durch eine mit Entlüftungspumpe betriebene A b s a u g e v o r r i c h t u n g (Abb. 7) so weit wie möglich von der anhängenden Feuchtigkeit befreit.

Der wichtigste Teil der Absaugmaschine, der Saugkasten *S* nebst Zubehör, ist in Abb. 8 im Schnitt gezeichnet. Er ist mit Rücksicht auf die Säure aus Hartblei und hat oben eine über die ganze Breite reichende Saugdüse *s* aus Bronze, deren Schlitz 1,5 bis 2 mm breit ist. Eine Kreiselpumpe saugt die Luft aus dem Kasten bis auf 50—25 cm Druck ab.

Die Ware wird von dem Zugwalzenpaar *Z* über den Breithalter *Br* und den Saugschlitz *s* hinweggezogen. Die nicht von der Ware bedeckten beiden Seiten des Schlitzes werden durch die von der Abrollvorrichtung *A* festgehaltene Decke *D* zugleich mit der auf dem Schlitz liegenden Ware überdeckt. Die Decke *D* wird aber nur an den freien Schlitzenden festgesaugt, in der Mitte dagegen durch die ständige Fortbewegung der Ware unter der Decke daran verhindert. Die Belastungsrolle *B* regelt die Ansaugung der Decke. Zu starke Ansaugung hebt durch stärkere Spannung die Belastungsrolle in die gestrichelte Lage, worauf mehr Luft eintritt, die Spannung nachläßt und die Rolle wieder sinkt. Macht sich vorübergehend die Entfernung der Ware vom Saugschlitz notwendig, so kann dies dadurch geschehen, daß die Leitwalze *W* und mit ihr die Ware durch einen Hebel angehoben wird. S. a. D. R. P. 439 644 von M. R. Jahr, Gera.

Abb. 7. Absaugevorrichtung von E. Geßner in Aue.

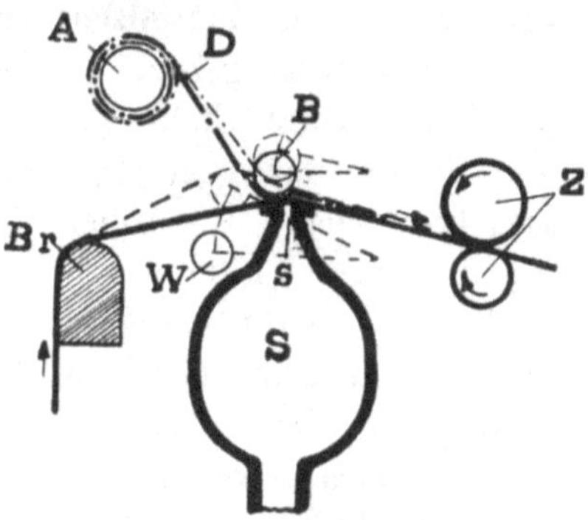

Abb. 8. Absaugmaschine.

Vorteilhaft tafelt man die abgesaugte Ware nicht erst auf, sondern schickt sie in Fließarbeit (Z. f. ges. Textilind. 1927, 15) gleich in die Karbonisiermaschine. Dann befindet sich zwischen Absaugevorrichtung und Karbonisierofen nochmals eine Warenvorratsmulde, die aber nur dazu dienen soll, Warenlieferung und -abnahme auszugleichen.

Vor der Karbonisiermaschine befindet sich der Leistenneutralisierapparat (s. S. 10).

Abb. 9. Karbonisiermaschine von E. Geßner in Aue.

In der Karbonisiermaschine (Abb. 9) durchläuft die Ware zunächst in wagerechten Windungen von oben nach unten den Trockenraum und steigt dann hinauf zum eigentlichen Karbonisierraum, den sie in senkrechten Windungen durchstreicht.

Nach dem Austritt aus der Karbonisiermaschine wird die Ware aufgetafelt.

Zum Walken der Streichgarnstoffe.

Dem Walken im ungewaschenen Zustande, „im Fett", ist das Walken im gewaschenen Zustande vorzuziehen. Die Ware wird reiner und geschlossener.

Im allgemeinen wird alkalisch mit Seife gewalkt; man verwendet 8—12 % Talgkernseife in kurzer Flotte (1 : 1). Die Ware darf weder zu feucht noch zu trocken laufen. Dann quellen die Härchen und verfilzen sich (Bd. II, 141). Durch Reibung und Druck erwärmt sich die Ware in der Walke auf 30—35°. Wärmer darf sie nicht werden. In 6—8 Stunden pflegt die Ware genügend eingegangen zu sein (10—20 %).

Die gefürchteten Walkfalten (Schwielen) entstehen:

1. wenn das Stück zu lange in derselben Lage läuft; man recke öfter aus;

2. wenn es zu trocken läuft;

3. wenn die Leisten zu straff sind und sich einrollen; man nähe dann das Stück in Sackform und walke „im Schlauch";

4. wenn nur in der Breite gedrückt wird; es soll immer gleichzeitig in der Länge gestaucht werden; dadurch werden etwaige Falten immer wieder verschoben.

Scheuerstellen, ja sogar Löcher entstehen, wenn das Stück sich in der Maschine klemmt, wenn übermäßig gestaucht wird, wenn die Stellen, an denen die Ware vorüber muß, nicht abgerundet und glatt sind und wenn Sand in die Walkflüssigkeit gerät.

Im allgemeinen verwendet man die Zylinder- oder Walzenwalken z. B. von E. Geßner (Abb. 10). Hammer- oder Kurbelwalken nach Art des Waschhammers (Bd. IV, 226) dienen nur noch zum Walken von Grobhaarstoffen wie Kotzen, Decken, Pantoffelfilzen u. dgl.

Selten wird sauer — mit 1 %iger Schwefel- oder besser Milchsäure — gewalkt, hauptsächlich bei der Filzbereitung.

Abb. 10. Zylinderwalke.

Abb. 11. Doppelte Strichkarden-Rauhmaschine mit 2 × 3 Warenanstrichen
von E. Geßner in Aue.

Abb. 12. Einfache Rollkarden-Rauhmaschine mit 4 Warenanstrichen von E. Geßner in Aue.

Abb. 13. Universal-Hochleistungskratzenrauhmaschine mit 24 Walzen.

Zum Rauhen der Wollgewebe.

Außer den Bd. III, 419 beschriebenen Rauhmaschinen mit Rauhstäben (Stabrauhmaschinen) zum Strichrauhen, d. h. Legen der Faser in eine Richtung (Abb. 11) gibt es auch Rauhmaschinen mit umlaufenden Rauhdisteln (Rollkardenrauhmaschinen (Abb. 12) zum Veloursrauhen, d. h. Faseraufrichten.

Diese Wirkung wird dadurch erreicht, daß auf dem Umfang der Rauhtrommel Eisenspindeln mit Kardendisteln drehbar gelagert sind, aber schräg zur Trommelachse

Abb. 14. Kratzen-Strichrauhmaschine (System Prof. Mundorf).

und reihenweise in der Richtung wechselnd, d. h. auf eine Reihe von links oben nach rechts unten folgt eine solche von links unten nach rechts oben. Die von der Ware mitgenommenen Rollkarden werden daher die Faser bald nach rechts, bald nach links hin aufkratzen. Die Folge ist, daß die Fasern sich nicht in den Strich legen, sondern nur aufrichten.

In neuerer Zeit werden auch Wollwaren mit Kratzenmaschinen gerauht, ähnlich wie Baumwollwaren, nur mit dem Unterschiede, daß

1. die Heizwalze am Eingang der Maschine entfällt, die Ware vielmehr im feuchten, gut ausgeschleuderten Zustande vorgelegt wird,
2. zur Vermeidung des lästigen Stürzens der schweren, feuchten Ware ein Rollenwarenschiff vorgeschaltet wird (Abb. 13),
3. 24 Walzen genügen und
4. die Kratzen aus verzinntem Stahldraht bestehen, um das Rosten zu vermeiden; zur Sicherheit läßt man nach jedem Rauhen einen

trockenen Nachläufer durch die Maschine, der die Feuchtigkeit von den Kratzen nimmt. Abb. 13 zeigt eine Universal-Hochleistungskratzenrauhmaschine der Firma E. Geßner in Aue mit Riemenantrieb im Gegensatz zum Antrieb mit verstellbarem Reibring in Abb. 52, Bd. IV, 83.

Allerdings benutzte man derartige Kratzenmaschinen mehr nur zum Vorrauhen und erzielte ein befriedigendes Ergebnis durch Nachrauhen auf einer Stabkardenrauhmaschine.

Einen vollwertigen Ersatz der Stabkardenrauhmaschine brachte erst die Kratzenstrichrauhmaschine nach Prof. Mundorf von E. Geßner (Abb. 14).

Hier sind 12 sich drehende Rauhwalzen abwechselnd mit 12 Rauhblättern auf der Trommel gelagert. Die Trommel dreht sich in der Richtung des Warenlaufs. Dahin sind auch die Kratzen der Walzen gerichtet. Dagegen drehen sich die Walzen entgegengesetzt. Auf den Kratzen-Strichblättern steht das Gehäke zur Seite, und zwar immer ein Blatt nach links, ein Blatt nach rechts. Es kämmt das von den Rauhwalzen gehobene Haar sofort ebenso schonend wie bei der Stabkarden-Rauhmaschine durch, da die quer zur Rauhrichtung stehenden Spitzen elastisch gegen die Ware federn.

β. Kammgarnstoffe.

Die aus Noppen, Sengen, Krabben und Dekatieren bestehende Vorappretur ist unter Färberei, Bd. III, 421—424 beschrieben.

3. Halbwollene Gewebe.

α. Mit Kammgarnkette.

Die aus Sengen, Entschlichten, Krabben und Dekatieren bestehende Vorappretur ist unter Färberei, Bd. III, 501 geschildert. S. a. E. Herzinger T. 1925, 175.

β. Mit Streichgarnschuß.

Die Vorappretur der halb-(kunst-)wollenen Streichgarngewebe gleicht derjenigen der Streichgarnstoffe; nur entfällt das Karbonisieren.

4. Seide

s. Bd. III, 485.

5. Halbseide

s. Bd. III, 508, 511.

6. Kunstseidegewebe

a) zweiseitiges Sengen, ausgenommen bei Leinölschlichte, die sich einbrennen würde.

b) Entschlichten, und zwar:

Taffet, Köper, Atlas, Rips auf der Kufe (Bd. III, 365), deren Haspel aber mit einer sogenannten Tuchhose aus Baumwollstoff umhüllt ist, und deren Führungsrechen glatt poliert ist.

Krepp, dessen Kette oder Schuß oder beides aus scharf gedrehtem Garn bestehen, auf dem Sternreifen (Bd. III, 187) mit Diastase ½—1 Stunde bei 60—70° (Bd. IV, 85).

Leinölschlichten auf Kufe oder Sternreifen mit Seife (3 g im Liter), Soda (½ g), Perborat und Fettlöser, z. B. Lanadin W bei 75°. (S. a. K. Götze, Seide 1929, 56.)

c) Brühen, ausgenommen bei Azetatseide, mit 20 g Soda, 10 g Seife und 5 g Beuchöl im Liter ½ Stunde kochend heiß.

d) Spülen.

e) Bleichen mit Natriumhypochlorit 2½—5 g aktives Cl im Liter bei 20—25°. Ist nur Vorbleiche vor dem Färben erforderlich, so genügen 1—2 g Cl im Liter.

f) Spülen.

g) Entchloren entweder durch Säuren ½ Stunde bei 15° oder durch Bisulfit oder durch 5—7 g Perborat im Liter bei 45° ½ Stunde.

h) Spülen (s. Wollen- und L.-Ind. 1930, 657).

7. Halbkunstseidene Gewebe.

Die Vorappretur gleicht der vorigen, nur wird schärfer gebrüht, nämlich mit 15—20 ccm Natronlauge 40° Bé, 10—15 g Soda und 5 g Beuchöl im Liter kochend 1—1½ Stunden.

Nach der Vorappretur wird gebleicht und gefärbt.

Gewebe aus Abfallgarnen (Kunstbaumwolle, Kunstwolle, Bourette) dürfen nur gereinigt — z. B. auf der Schleifmaschine von E. Geßner, Abb. 58 —, nicht aber gebleicht werden, da im Rohstoff vorhanden gewesene Metallteilchen, z. B. Kupferspäne, örtliche Verbrennungen bei oxydierenden Bleichen und demzufolge Löcher im Gewebe verursachen können.

Nach dem Färben kann Baumwolle „appretiert", Wolle „gummiert" werden, Arbeiten, die man unter dem Begriff „chemische Appretur" zusammenfaßt.

II. CHEMISCHE APPRETUR.

1. Chemische Hilfsstoffe.

Literatur: R. Haller, Chemische Technologie der Baumwolle 1928, 440. E. Herzinger, Die Appretur buntgewebter Baumwollwaren, M. f. Textilind. 1926, 113.

Die chemischen Hilfsmittel zur Veredelung der Gespinstfasern sind bereits im 1. Band ausführlich besprochen worden. Hier brauchen daher nur nochmals diejenigen kurz zusammengestellt zu werden, die in der Appretur verwendet werden.

α. Zum Kleben und Steifen.

Stärke, Bd. I, 275.

Abgebaute Stärke (lösliche Stärke), Bd. I, 276 ff.

Dextrin, Bd. I, 278.

Gummi, Bd. I, 280.

Pflanzenschleime, Bd. I, 280.

Eiweißkörper (Albumin, Kasein, Leim), Bd. I, 281.

Mehle (Kleber), Bd. I, 284.

Sulfitzelluloseablauge, Bd. II, 121.

β. Zum Weichmachen.

Fette (Stearin, Palmitin, Rinder- und Hammeltalg, Schweineschmalz, Pferdefett, ferner Palm-, Palmkern- und Kokosfett).

Öle (Olivenöl erster Pressung für Seide und Kunstseide, Rüböl für Schwarz).

Seifen (Marseiller Seife, Bd. I, 185), aber nicht bei Gegenwart von Glauber- oder Bittersalz. Die Seifen dienen zugleich zum Vermilchen (Emulgieren) der in Wasser unlöslichen Fette und Öle.

Türkischrotöle, Bd. I, 191.

Wachse, d. s. die Fettsäureester höherer Alkohole.

Bienenwachs, der Palmitinsäureester des bei 76° (rein bei 88°) schmelzenden Myrizylalkohols $C_{30}H_{61} \cdot OH$ neben freier Zerotinsäure $C_{26}H_{52}O_2$, durch Ausschmelzen der Waben mit Wasser erhalten. Es schmilzt erst bei 64° und ist schwer verseifbar. Bei dünnen und bei ungenügend heißen Appreturmassen ist es mit Vorsicht zu gebrauchen, damit es sich nicht ausscheidet. Es ist teuer und wird daher vornehmlich nur bei Glanzappreturen verwendet.

Chinesisches Wachs, von der Wachsschildlaus stammend, weiß und bei 82° schmelzend.

Walrat, der Palmitinsäureester des bei 50° schmelzenden Zetylalkohols $C_{16}H_{33} \cdot OH$, aus dem Kopf des Pottwals stammend, weiß, kristallinisch, dient zum Wachsen der Samte.

Wollfett, Ester des Cholesterins $C_{27}H_{45} \cdot OH$ und Isocholesterins mit Palmitin-, Zerotinsäure u. a. Bd. I, 87; II, 152. Es ist eine schmierige braune Masse.

Montanwachs ist ähnlich zusammengesetzt wie die echten Wachse, wird aber durch Ausziehen bitumenreicher Braunkohle mit Benzol erhalten. Dunkle harte Stücke, die bei 80—90° schmelzen, noch 25—50 % Harz enthalten. Sie dienen hauptsächlich zu Phonographenwalzen, seltener zum Wasserdichtmachen.

Dagegen ist Japanwachs (Sumachwachs) kein Wachs, sondern das Palmitin und Stearin enthaltende Fett gewisser Samen und Früchte, z. B. in Japan heimischer Sumacharten. Es ist gelblich, hart, schmilzt bei 42° und ist leicht verseifbar. Es dient als Wachsersatz, wird aber richtiger als Japantalg oder vegetabilischer Talg bezeichnet.

Paraffin und Zeresin.

Paraffin wird aus den über 300° siedenden Bestandteilen des amerikanischen und galizischen Petroleums sowie aus der Braunkohle abgeschieden und erstarrt zu einer, im gereinigten Zustande farb- und geruchlosen, kristallinischen Masse. Es schmilzt zwischen 45° (Weich-) und 70° (Hartparaffin). Es löst sich in Äther, Benzin, Schwefelkohlenstoff, Terpentinöl, dagegen in Alkohol nur wenig, in Wasser gar nicht. Es wird sowohl als solches in Gestalt der „Wachsrolle" zum Glätten der Garne beim Spulen oder der Ketten beim Weben, als auch in vermilchtem Zustande, z. B. als Ramasit I der I. G. mit Hilfe von Nekal AEM in der Appretur verwendet.

Zeresin (Kunstwachs) wird aus galizischem Erdwachs (Ozokerit) durch Erhitzen mit 6—10 %iger Schwefelsäure und Entfärbung mit Tierkohle gewonnen. Die weiß bis gelbliche Masse schmilzt bei 62—80° und hat auch sonst physikalisch die Eigenschaften des Bienenwachses, besteht aber chemisch aus annähernd denselben Kohlenwasserstoffen wie Paraffin.

Hygroskopische (feuchtigkeitanziehende) Mittel.

Glyzerin (Bd. I, 274)

darf nicht stärker als 20 g im kg Appreturmasse angewandt werden, weil die Ware sonst zu feucht und zum Nährboden für Schimmelpilze wird. Seine Beliebtheit gründet sich auf den Umstand, daß es das Aussehen einer Färbung nicht beeinflußt. Bd. I, 161, 219, 227, 253.

Billiger sind Natrium-, Kalzium-, Magnesium- und Zinkchlorid.

γ. Zum Füllen und Beschweren.

Das Füllen soll die Poren eines minderwertigen Gewebes schließen (Abb. 1, Nr. 7). Damit ist meistens auch ein Beschweren verbunden, weil die Füllmittel meist ein höheres spezifisches Gewicht haben als die Faser. Die Beschwerung ist nur selten beabsichtigt, da sie ja an sich eine Wertminderung darstellt.

Die Füllmittel kann man einteilen in wasserunlösliche und wasserlösliche.

1. Wasserunlösliche Füllmittel.

Die wasserunlöslichen Füllmittel müssen, weil sie selbst nur wenig an der Faser haften und leicht abstäuben würden, den unter α angeführten Klebmitteln in der Appreturmasse zugesetzt werden. Insofern sie weiß sind, trüben sie die Farben. Die Appreturmasse muß dementsprechend angefärbt werden.

Das wichtigste unlösliche Füllmittel ist das Aluminiumsilikat, das aus dem Kalifeldspat $KAlO_2(SiO_2)_3$ durch Verwitterung entsteht. Kalium wird durch die Kohlensäure des Wassers herausgelöst und übrig bleibt $Al_2O_3(SiO_2)_2 \cdot 2\,H_2O$, gewöhnlich Ton genannt, in reinem Zustande Kaolin, China clay (engl. =) Porzellanerde,

Walkerde. Je reiner der Kaolin, um so weißer ist seine Farbe. Ton bildet vermöge seiner Poren mit Wasser eine formbare Masse, die zu Porzellan, Steinzeug, Steingut, Töpferware und Ziegeln gebrannt werden kann. Dabei werden die in der obigen Formel verzeichneten $2 H_2O$ ausgetrieben und kehren beim Lagern nicht wieder zurück. Vermöge seiner Poren dient Kaolin ferner zum Klären und Entfärben. Er selber läßt sich daher auch leicht mit jeder Art Farbstoffen anfärben.

Man verwendet bis zu 300 g Kaolin auf das kg Appreturmasse. Für weiche Appreturen empfiehlt es sich, das weichmachende Fett usw. erst mit dem Kaolin zu verkochen und dann erst die weiteren Zusätze zu machen. Das Fett hat dann Gelegenheit, zuerst in die Poren des Kaolins einzudringen und sich dort dauerhaft einzuverleiben.

Beispiel einer Füllappretur für leichten grauen Futterstoff nach E. Rüf:

39 g China clay erst mit wenig Wasser zum dicken Brei, dann mit
44 g Wasser zum dünnen Brei verrühren, mit
5 g Olivenöl,
3 g Talg,
3 g Marseillerseife verkochen, bis beim Stehen kein Fett mehr abgeschieden wird, Einrühren in
72 g Weizen- oder Maisstärke und
26 g Kartoffelstärke, die erst mit wenig Wasser angeteigt, dann mit
808 g Wasser verdünnt wurden, etwa 0,3 g schwarzen Farbstoffs gelöst beimischen und das Ganze kochen.

Talk (Talkum, Federweiß, Speckstein) ist ein Magnesiumsilikat und wird durch Mahlen des natürlichen Talk- oder Specksteins gewonnen. Das Pulver sei rein weiß (frei von Graphit) und fühle sich zwischen den Fingern glatt und schlüpfrig an. Es macht geschmeidiger als Kaolin, ist aber nicht so porös und daher nicht so leicht zu binden.

Kalziumsulfat („Lenzin", Gips), Bariumsulfat (Schwerspat) Bd. I, 218 und 225.

Selten werden Magnesia, MgO, und Magnesiumkarbonat, $MgCO_3$, angewandt, wenn es sich um eine Füllung von geringem spez. Gewicht handelt.

2. *Wasserlösliche Füllmittel.*

Die Lösungen müssen durchaus neutral reagieren und dürfen die Fasern nicht schädigen. Sie trocknen auf der Faser ein; dabei darf es aber nicht zur Kristallisation kommen, damit die Faser nicht geschädigt wird. Daher sind dazu neigende Salze wie z. B. die Natriumsalze Natriumsulfat (Glaubersalz) und Natriumchlorid (Kochsalz), Bd. I, 151 und 161, nur in schwächeren Lösungen anwendbar als die schwerer kristallisierenden Magnesiumsalze, Magnesiumsulfat und Magnesiumchlorid, Bd. I, 227, und Kalziumchlorid, Bd. I, 219.

Magnesiumchlorid sollte wegen der Gefahr der Salzsäureabspaltung nur in der Woll- und Seidenappretur verwendet werden. Es dient hier auch gern als Aufschließmittel für Stärke, die beim Kochen damit verkleistert.

Magnesiumsulfat (Bittersalz) ist der wesentliche Bestandteil der „Salzappreturen", die eine Beschwerung der Baumwollstoffe bis zu 60 % ermöglichen! Der leicht zu kernige, harte Appret wird durch Beifügung magnesiabeständiger sulfurierter Öle gemildert.

Kalziumchlorid spaltet im Gegensatz zu Magnesiumchlorid in der Appretur keine Salzsäure ab, dafür verhindert es aber nicht die Fäulnis. Damit appretierte Ware ist daher der Schimmelbildung ausgesetzt.

Die Salzappreturen waren früher sehr beliebt, weil die Appreturmasse 1. leicht zu spindeln und so auf ihren Gehalt nachzuprüfen war und 2. kalt anzuwenden war, ohne daß die Färbungen bluteten. Sie enthielt außer dem Salz meist nur noch das leicht lösliche Dextrin oder auch Stärkesirup, Bd. I, 279. Dafür haben die Salzappreturen den Nachteil, schon bei der ersten Berührung der Ware mit Wasser sich herauszulösen und die dann entblößte Färbung in einem recht wenig reibechten Zustande zurückzulassen. Man ersetzt daher neuerdings das Dextrin durch mit Aktivin (Chem. Fabrik Pyrgos, Radebeul-Dresden) oder Stokotabletten (Chem. Fabrik Stockhausen & Cie., Krefeld) bereitete lösliche Stärke, die nicht nur billiger, sondern auch wasserechter ist, und erniedrigt die Salzmengen.

Die unter 1. und 2. erwähnten anorganischen Füllmittel verraten sich durch den hohen Aschengehalt.

δ. Zum Verhüten der Fäulnis.

Anorganische:

Zinksulfat und -chlorid, Bd. I, 252 und 253, Magnesiumchlorid, Bd. I, 227, Kupfersulfat und -chlorid, Bd. I, 257 und 259, Borax, Bd. I, 171, und Borsäure.

Organische:

Aktivin, Bd. IV, 28.

Phenol (Karbolsäure), aus dem Steinkohlenteer, bildet rein farblose Nadeln und schmilzt bei 42°.

Salizylsäure, Bd. I, 123, zuweilen auch in Form des Natriumsalzes, das zwar selbst nicht die Fäulnis verhütet, wohl aber nach der Zersetzung durch die Luftkohlensäure beim Lagern der Ware. Es hat den Vorteil, beim heißen Trocknen nicht zu sublimieren.

Formaldehyd, Bd. I, 270, aber nur in der Appreturmasse wirksam, nicht mehr auf der Ware, von der er beim Trocknen sich verflüchtigt.

ε. Zum Schutz gegen Motten.

Formaldehyd tötet nur die Motten, p-Dichlorbenzol (Globol) auch die Brut; Nitrofarbstoffe, z. B. Martiusgelb (2,4-Dinitro-l-naphtol) sowie das farblose Eulan, Bd. III, 468, machen die Wolle für die Raupen ungenießbar (M. f. Textilind. 1927, 398; D. Färberztg. 1928, 24; Z. ges. Textilind. 1929, 361) Eulan neu Z. angew. Ch. 1929, 621 und 1074; T. 1929, 725; D. Färberzeitung 1930, 99; M. f. Textilind. 1930, 475; Messeheft 1932, 15; D. R. P. 503 256 und 506 989.

ζ. Zum Bläuen.

Ultramarin, Smalte, Berliner Blau (Bd. III, 90).

η. Zum Wasserdichtmachen

s. S. 115.

ϑ. Zum Flammensichermachen

s. S. 132.

2. Untersuchung der Appreturmittel.

Aufgabe der Untersuchung.

Appreturmittel werden im großen hergestellt und haben oft nicht die dem Verwendungszweck entsprechende Zusammensetzung. Z. B. kann ein Gehalt an Glukose und Glyzerin durch zu starke Feuchtigkeitsanziehung Schimmelbildung hervorrufen; Magnesiumchlorid kann in derselben Richtung schädlich wirken, aber auch durch Salzsäureabspaltung in der Hitze Pflanzenfasern zerstören. Aus diesem Grunde sollte kein Appreturmittel ohne vorherige Untersuchung oder wenigstens Ausprobung im kleinen auf größere Warenmengen angewandt werden.

Eine weitere Aufgabe erwächst dem Ausrüster häufig in der Nachahmung von Ware fremder Herstellung. Dann muß er zu erfahren suchen, mit welchen Appreturmitteln gearbeitet worden ist. Die Appretur ist von der Ware abzulösen und zu untersuchen. In diesem Falle läßt sich ein ziemlich weitgehender Schluß schon aus der Beschaffenheit der Ware selbst auf die in Frage kommenden Appreturmittel ziehen.

Im Gegensatz zu den Baumwollgeweben werden Wollstoffe weit weniger mit Appreturmitteln behandelt. Die Wolle ist von Natur edler und erhält bereits durch die mechanische Ausrüstung auf Maschinen genügenden Halt und vorzügliches Aussehen. Sie bedarf nur in seltenen Fällen der Nachhilfe durch einverleibte Appreturmasse. Nur geringe Waren werden mit Apparatine, Dextrin, Leim oder Gummi gestärkt. mit Glyzerin oder Türkischrotöl weichgemacht, mit Magnesiumchlorid oder Bittersalz beschwert. Füllmittel kommen dagegen für wollene Gewebe nicht in Betracht.

Bevor man zur Untersuchung der Appretur schreitet, versäume man daher nicht, die Art der Faser im appretierten Gewebe festzustellen. Am besten eignet sich hierzu das mikroskopische Bild.

Weitere Anhaltspunkte gibt das Äußere des Gewebes unter Berücksichtigung der oben angeführten Wirkungsweise der einzelnen Appreturmittel.

Ablösung der Appreturmittel von den Geweben.

Diese geschieht in zwei Abschnitten, erst durch Ausziehen mit Petroläther und anderen organischen Lösungsmitteln, dann mit destilliertem Wasser.

Der Petroläther löst Fette, Öle, Paraffin usw., ferner die Harze Kolophonium, Dammar, Elemi, Mastix und Sandarak, nicht aber Schellack und Kopal, die durch Alkohol heiß abgelöst werden.

Das Ausziehen mit Äther geschieht am besten im Soxhlet ohne Papierhülse mit gewogenem Kölbchen. Nach 24 Stunden wird der Äther abdestilliert, am besten in einen aufgesetzten, leeren Soxhlet. Der Rückstand wird mit etwa 20 ccm destilliertem Wasser geschüttelt, um ihn von mechanisch mitgenommenem Glyzerin und Seife zu befreien, getrocknet und gewogen. Er gibt sich durch Erzeugung eines dauernden Fleckes auf Papier als Fett, durch Sprödigkeit in der Kälte als Harz zu erkennen und wird nach dem weiter unten angegebenen Gang näher untersucht.

Eine Ausnahmestellung nehmen luft- und wasserdichte Gewebe (S. 121) ein, die Kautschuk oder Asphalt oder Teer enthalten. Hier wird die Appretur durch Benzol, Totuol, Azeton, Chloroform u. a. am Rückschlußkühler oder im Soxhlet abgelöst.

Das mit Äther ausgezogene Gewebe wird nun dreimal je zehn Minuten mit der zum Überschichten nötigen Menge destillierten W a s s e r s zunächst kalt ausgezogen. In Lösung gehen die wasserlöslichen Mittel wie Dextrin. Darauf wird dreimal je zehn Minuten mit destilliertem Wasser gekocht. Meistens quillt die Hauptmasse des Apprets nur auf, kann aber mit Hilfe eines Spatels heruntergeschabt werden. Man vereinigt die Auszüge. Zeigt sich ein beträchtlicher Bodensatz, so ist von diesem durch Absitzenlassen und Abgießen zu trennen.

Ein Viertel der wässerigen Lösung wird in gewogenem Porzellanschälchen auf dem Wasserbad zur Trockne gedampft, bei 90° getrocknet und gewogen. Darauf wird verascht und wieder gewogen. Der Rest wird nach dem unten angegebenen allgemeinen Gang untersucht. Unter Umständen muß vorher entfärbt werden. Welches Bleichmittel anzuwenden ist, hängt einerseits von der Natur des Farbstoffes, andererseits von der weiterhin vorzunehmenden Reaktion ab. So würde das sonst vorzügliche Hydrosulfit, z. B. die Biuretreaktion, infolge Reduktion der F e h l i n g schen Lösung stören; in diesem Falle müßte also oxydierend, z. B. mit Chlorkalk, gebleicht werden. Tierkohle ist zu verwerfen, weil sie die meisten Appreturmittel adsorbiert.

Der B o d e n s a t z kann aus anorganischen Füll- und Beschwerungsmitteln (S. 23), Mineralfarbstoffen wie Ultramarin, Smalte, Berlinerblau und organischen Bestandteilen wie unlösliche Albumine, ferner Trümmer von pflanzlichen Gewebeteilen, dem angewandten Mehle entstammend, u. a. sich zusammensetzen. Man unterwirft ihn der mikroskopischen Prüfung (S. 40) und den Reaktionen auf Eiweiß nach M i l l o n und A d a m k i e w i c z (S. 36). Zur Bestimmung der anorganischen Bestandteile muß der Bodensatz von der noch anhaftenden Lösung getrennt werden. Die schleimige Lösung läßt sich schlecht filtern und muß durch halbstündiges Erhitzen mit wenig Salzsäure oder auch mit Hilfe von Diastafor vorher verzuckert werden. Der Rückstand wird in eine Platinschale übergeführt und nach dem Wegglühen der organischen Reste wie üblich analysiert.

Eine Ausnahmestellung nehmen auch hier die wasserdichten Gewebe ein, insbesondere die mit Leim und nachfolgender Härtung und die mit fettsaurer Tonerde behandelten.

Sie müssen zur Zerlegung der unlöslichen Verbindungen mit verdünnter Salzsäure gekocht werden. Leim wird durch Natriumschmelze des Gewebes und Überführung seines Stickstoffs in Berlinerblau nachgewiesen, Chrom durch die Grünfärbung der Asche, Gerbstoff durch Ausschütteln der abgekühlten salzsauren Abkochung mit einem Gemisch aus gleichen Teilen Äther und Essigester und Betupfen des gefilterten und verdunsteten Ätherauszuges mit Ferriammonsulfatlösung (Schwarzfärbung), Tonerde in der salzsauren Abkochung, Fettsäure in dem mit Salzsäure abgekochten Gewebe durch Extraktion mit Äther.

Die bei der Ablösung der Appreturmittel vom Gewebe nach der beschriebenen Methode erhaltenen drei Bestandteile

1. Auszug mit Äther und anderen organischen Lösungsmitteln,
2. wässerige Abkochung,
3. Unlösliches

werden nun nach dem folgenden allgemeinen Gang der Appreturmittelanalyse untersucht.

Allgemeiner Gang der Untersuchung.

Wie das auf S. 24 angeführte Beispiel einer Füllappretur lehrt, enthalten technische Appreturgemische meist sowohl anorganische wie organische Verbindungen. Durch Verglühen einer Probe auf einem Platinblech oder im Porzellantiegel verschafft man sich schnell hierüber Aufschluß. Anorganische Substanzen hinterlassen eine beträchtliche Asche, organische schwärzen sich vorübergehend und stoßen brenzlige Dämpfe aus. Diese können hierbei dem Erfahrenen durch den eigentümlichen Geruch, sei es nach verbrannten Haaren, sei es nach verkohlendem Zucker, die Gegenwart von Leim und Eiweiß einerseits oder Kohlehydraten andererseits verraten.

α. Anorganische Appreturmittel.

Sind anorganische Appreturmittel zugegen, so sind diese in der Regel in der aus einer hinreichenden Probe hergestellten Asche zu ermitteln. Verascht wird im schräg liegenden Platin- oder Porzellantiegel über dem Bunsenbrenner, nicht Gebläse, zunächst mit kleiner Flamme, um dem Wasser Zeit zum Entweichen zu geben und Überschäumen zu vermeiden. Infolge der meist auftretenden Verkokung und der Umhüllung der Kohlenteilchen mit geschmolzenen anorganischen Bestandteilen stößt die restlose Verbrennung auf Schwierigkeiten. In diesem Falle befeuchtet man nach dem Erkalten mit etwas Wasser und wiederholt das Glühen. Bleibt die Asche auch jetzt noch kohlenhaltig, so zerdrückt man sie mit einem Glasstabe unter gleichzeitigem Anfeuchten mit Wasser und glüht abermals.

Apretierte Gewebe verascht man in der Hauptmenge über dem auf Glanzpapier stehenden Tiegel, indem man schmale Streifen mit einem Zängelchen hält und mit der Bunsenflamme von unten her entzündet. Den Rückstand verglüht man vollständig im Tiegel. Würde man das unverbrannte Gewebe in dem Tiegel zu veraschen versuchen, so würde dies an der massenhaften Kokbildung scheitern.

Man vergesse aber nicht, daß viele anorganische Appreturmittel beim Glühen verändert werden: Ammonsalze verflüchtigen sich ganz, Zinksalze zum größten Teil, Magnesiumchlorid geht in das Oxyd über.

China Clay, das naturtrocken sich nur zu 0,2 % in verdünnter Salzsäure löst, löst sich nach dem Glühen zu 23 % und entgeht dadurch zum Teil der Bestimmung.

G. Smith schlägt daher in The Journal of the Textile Institute 1928, 323; Z. ges. Textilind. 1928, 830, vor, bei der Bestimmung von China Clay nicht zu veraschen, sondern die appretierte Baumwolle mit Salzsäure zu behandeln. Dabei gehen alle löslichen Salze in Lösung, während Kaolin, Talkum und Bariumsulfat zurückbleiben.

1 g Baumwolle wird mit 20 ccm Salzsäure, spez. Gew. 1,1, im Erlenmeyer im Wasserbad bis zur Lösung der Baumwolle erhitzt. Man verdünnt mit Wasser, filtert, wäscht mit heißem Wasser aus, trocknet und glüht bei Rotglut. Aus dem gewogenen „geglühten China Clay" berechnet man durch Division mit 0,87 das „trockene China Clay" und aus diesem durch abermalige Division durch 0,88 das wasserhaltige „natürliche China Clay" des Handels.

a. Vorproben mit der Asche.

Die Vorproben sind einfacher Natur; sie gewähren wertvolle Fingerzeige. Die zu untersuchende Asche wird vorher gepulvert.

I. Flammenfärbung.

Ein Platindraht wird so oft mit Salzsäure befeuchtet und ausgeglüht im oberen Teile der Bunsenflamme, bis die Flamme nicht mehr gefärbt wird. Darauf befeuchtet man wieder und bringt etwas Asche an den Platindraht. Die Flamme wird gefärbt durch

Natrium gelb,
Kalium purpur,
Kalzium gelbrot,
Barium fahlgrün,
Kupfer grün.

Da Natrium immer etwas zugegen ist, wodurch die übrigen Flammenfärbungen verdeckt werden können, betrachtet man durch ein blaues Glas oder noch besser durch ein Taschenspektroskop.

II. Phosphorsalzperle.

Ein Platindraht wird am Ende zu einer Öse umgebogen. In dieser erzeugt man eine Perle, indem man zunächst wenig Phosphorsalze daran bringt und allmählich erhitzt, danach setzt man mehr und mehr Salz zu, bis die geschmolzene Masse die Öse ausfüllt. Man bringt etwas Asche an die Perle und schmilzt wieder in der Bunsenflamme.

Die Perle wird gefärbt durch

Eisen heiß	rotbraun,	Chrom	grün,
Eisen kalt	hellgelb,	Mangan	veil,
Kupfer	blaugrün.		

III. Auflösung.

Löst sich die Asche in verdünnter Salzsäure oder gar schon in Wasser, so kann sie in schwach salzsaurer Lösung unmittelbar dem allgemeinen Trennungsgang unterworfen werden.

Löst sie sich nicht, so muß sie **aufgeschlossen** werden, und zwar durch Schmelzen mit

	4 Teilen Natriumkarbonat
Kalziumsulfat, Bariumsulfat, Bleisulfat, Kieselsäure, Silikate, Kalziumfluorid, Zinnoxyd, Antimonoxyd.	Die Schmelze wird in Wasser gelöst. In der wässerigen Lösung wird mit Salzsäure und Bariumchlorid auf Sulfat-Anion, durch allmählichen Salzsäurezusatz — weißliche Abscheidung — auf Kieselsäure, Zinnoxyd, Antimonoxyd geprüft. Der Rückstand — Karbonate des Kalziums, Bariums, Bleis — wird in Salzsäure gelöst und dem allgemeinen Trennungsgang unterworfen. Kalziumfluorid verrät sich durch die Entwicklung von glasätzender Fluorwasserstoffsäure und beim Einleiten in Wasser eine Trübung gebenden Siliziumfluorids beim Erwärmen der Asche mit konzentrierter Schwefelsäure.

	4 Teilen Kaliumbisulfat
Tonerde, Chromoxyd, Wolframsäure.	Die Schmelze wird in Wasser gelöst und dem allgemeinen Trennungsgang unterworfen.

b. Allgemeiner Trennungsgang der Basen.

I. Schwefelwasserstoffgruppe.

In die unmittelbar oder nach vorheriger Aufschließung erhaltene Lösung der Asche leitet man Schwefelwasserstoff ein, am besten bei 50°. Es fallen

schwarzes Bleisulfid,	gelbes Arsensulfür,
schwarzes Kupfersulfid,	kresses Antimonsulfür,
	braunes Zinnsulfür,
	olives Zinnsulfid.

Der Niederschlag wird abgefiltert, wobei der Trichter durch ein Uhrglas verschlossen gehalten wird, damit die Luft das Kupfersulfid nicht zu Sulfat oxydiert, ausgewaschen und mit warmem Ammoniumpolysulfid behandelt. Auf dem Filter bleiben Blei und Kupfersulfid, in Lösung gehen Arsen, Antimon und Zinn als Ammonsulfosalze.

Der Rückstand wird auf dem Filter mit heißer Salpetersäure, spez. Gew. 1,2, übergossen und gelöst. Die Lösung ergibt mit verdünnter Schwefelsäure einen weißen Niederschlag von *Blei*sulfat. Das Filtrat gibt mit Ammoniak blaues *Kupfer*oxydammon-kakation.

Die Lösung wird mit Salzsäure übersäuert. Weißliche Abscheidung rührt nur von Schwefel her. Gefärbter Niederschlag wird gefiltert, ausgewaschen und mit konzentrierter Salzsäure erwärmt.

- **Der Rückstand** wird in konz. Salpetersäure gelöst, von Schwefel abgefiltert, eingedampft und mit Ammoniak, Ammonchlorid und Magnesiumsulfat weißes Magnesiumammonium*arsenat* gefällt.
- **Die Lösung** wird mit einem Stückchen Zink versetzt. Antimon und Zinn scheiden sich metallisch ab. *Zinn* wird in konz. Salzsäure gelöst zu Zinnchlorür, das mit einem Tropfen Quecksilberchlorid einen weißen Niederschlag von Quecksilberchlorür gibt. *Antimon* bleibt zurück und kann im Marshschen Apparat nachgewiesen werden.

II. Ammoniakgruppe.

Das Filtrat von der Schwefelwasserstoffgruppe wird gekocht, bis kein Schwefelwasserstoff mehr entweicht, darauf einige Tropfen konzentrierter Salpetersäure hinzugefügt, um Ferro- zu Ferrikation zu oxydieren, und gekocht. Nach dem Erkalten setzt man Ammonchlorid und *wenig* Ammoniak zu und kocht kurz auf. Es fallen

rotbraunes Eisenhydroxyd, weißes Aluminiumhydroxyd,
braunes Manganhydroxyd, grünes Chromhydroxyd.

Der Niederschlag wird abgefiltert, ausgewaschen und in wenig Salzsäure gelöst. Die Lösung wird in der Kälte mit tonerdefreier Natronlauge im Überschuß versetzt. Der braune Niederschlag wird abgefiltert. Er enthält außer Eisen und Mangan etwas Chrom. Das meiste Chrom befindet sich mit dem Aluminium im Filtrat.

Der Rückstand wird in zwei Teile geteilt.

- Der eine wird mit Soda und Salpeter geschmolzen. Gelbe Schmelze von Natrium*chromat*, die aufgelöst und mit Essigsäure angesäuert auf Zusatz von Bleiazetat gelbes Blei*chromat* liefert.
- Der andere wird in Salzsäure gelöst, mit Natriumazetat versetzt und gekocht. Es fällt braunes basisches *Ferri*azetat und wird abgefiltert und ausgewaschen.
  - **Der Rückstand** wird in Salzsäure gelöst und mit Kaliumferrozyanid versetzt. Berlinerblau zeigt *Eisen* an.
  - **Die Lösung** wird mit Ammonsulfid versetzt. Es fällt fleischfarbenes *Mangan*sulfid.

Die Lösung wird gekocht. Es fällt *Chrom*hydroxyd und wird abgefiltert.

- **Der Rückstand** wird mit Soda und Salpeter geschmolzen, s. Spalte 1: *Chrom*.
- **Die Lösung** wird mit Ammonchlorid versetzt und gekocht. Weiße Ausflockung von *Aluminium*hydroxyd.

III. Ammonsulfidgruppe.

Das Filtrat von der Ammoniakgruppe wird mit Ammonsulfid versetzt, umgeschüttelt, absitzen gelassen, gefiltert und ausgewaschen. Es fallen

fleischfarbenes Mangansulfid, weißes Zinksulfid.

Der Niederschlag wird in kalter verdünnter Salzsäure gelöst. Die Lösung wird gekocht, bis kein Schwefelwasserstoff mehr entweicht, abgekühlt und mit Natronlauge im Überschuß versetzt. Der braune Niederschlag von Manganhydroxyd wird abgefiltert.

Der Rückstand	In die Lösung
wird mit Soda und Salpeter geschmolzen. Es entsteht grünes Alkalimanganat.	wird Schwefelwasserstoff eingeleitet. Es entsteht ein weißer Niederschlag von Zinksulfid.

IV. Ammonkarbonatgruppe.

Das Filtrat von der Ammonsulfidgruppe wird mit Salzsäure schwach angesäuert, bis kein Schwefelwasserstoff mehr entweicht, gekocht, vom abgeschiedenen Schwefel abgefiltert, mit Ammoniak und Ammonkarbonat versetzt, gekocht, absitzen gelassen, gefiltert und der Niederschlag ausgewaschen. Es fallen

weißes Bariumkarbonat, weißes Kalziumkarbonat.

Der Niederschlag wird in warmer Essigsäure gelöst und mit Kaliumbichromat versetzt. Der gelbe Niederschlag von Bariumchromat wird abgefiltert.

Der Rückstand	Die Lösung
gibt eine fahlgrüne Flammenfärbung: Barium.	wird mit Ammoniak und Ammonkarbonat gekocht. Es fällt weißes Kalziumkarbonat.

V. Magnesium.

Das Filtrat der Ammonkarbonatgruppe wird bei Gegenwart von Barium mit Schwefelsäure schwach angesäuert, um Reste von Barium abzuscheiden, bei Gegenwart von Kalzium mit Ammonoxalat versetzt, um Reste von Kalzium abzuscheiden, von etwa entstandenen Niederschlägen abgefiltert und das Filtrat mit Ammoniak und Natriumphosphat versetzt. Es fällt weißes Magnesiumammoniumphosphat.

VI. Ammoniak

kann nicht in der Asche, sondern nur in der ursprünglichen Masse durch Erwärmen im Probierglas mit Natronlauge nachgewiesen werden. Es verflüchtigt sich und verrät sich entweder durch den stechenden Geruch oder durch die Bläuung roten Lackmuspapiers.

Anmerkung: Bei Gegenwart von Phosphorsäure und Oxalsäure fallen in der Ammoniakgruppe auch die Angehörigen der folgenden Gruppen als Phosphate und Oxalate.

Hat die Vorprobe auf Säuren Phosphor- oder Oxalsäure ergeben, so ist der Trennungsgang etwas abzuändern.

Man prüft einen kleinen Teil des Filtrates der Schwefelwasserstoffgruppe auf Eisen. Dann fügt man Eisenchlorid bis zur Gelbfärbung hinzu, neutralisiert die freie Säure mit Natriumkarbonat, bis eben eine bleibende Trübung entsteht. Diese bringt man mit starker Essigsäure wieder zum Verschwinden, fügt Natriumazetat hinzu und kocht. Es fallen

Ferriphosphat,
basisches Aluminiumazetat,
Kalziumoxalat,
Bariumoxalat.

Der Niederschlag wird abgefiltert und ausgewaschen.

Der Rückstand wird in 2 Teile geteilt.

Der eine wird mit tonerdefreier Natronlauge im Überschuß versetzt. In Lösung geht Natriumaluminat. Die Lösung wird gefiltert und mit Ammonchlorid gekocht. Es fällt weißes Aluminiumhydroxyd.

Der andere wird mit Natriumkarbonat gekocht und dadurch von Oxalsäure befreit. Die zurückgebliebenen Karbonate werden gefiltert, gewaschen und in Salzsäure gelöst. Man trennt nach dem allgemeinen Gang unter Gruppe II und IV.

Die Lösung ist nun phosphorsäurefrei und wird auf Angehörige der Gruppe III untersucht, indem man Schwefelwasserstoff einleitet. Es fällt weißes Zinksulfid. Das Filtrat davon wird mit Ammoniak und Ammonsulfid versetzt. Es fällt fleischfarbiges Mangansulfid. Das Filtrat davon wird mit Salzsäure übersäuert, der Schwefelwasserstoff weggekocht, vom Schwefel abgefiltert und mit Ammoniak und Ammonkarbonat nach dem allgemeinen Trennungsgang auf Angehörige der Gruppe IV geprüft.

c. *Prüfung auf Säuren.*

Schwefelsäure: Sulfatanion gibt in wässeriger, mit Salzsäure angesäuerter Lösung einen weißen Niederschlag von Bariumsulfat.

Schweflige Säure wird aus ihren Salzen beim Erwärmen mit 50 %iger Schwefelsäure ausgetrieben und verrät sich durch den stechenden Geruch.

Chlorwasserstoffsäure: Chloridanion gibt in wässeriger, mit Salpetersäure angesäuerter Lösung mit Silbernitrat weißes käsiges Silberchlorid, in Ammoniak löslich.

Fluorwasserstoffsäure: s. S. 30.

Salpetersäure: Nitration gibt in mit Ferrosulfat versetzter Lösung beim Unterschichten konzentrierter Schwefelsäure einen braunen Ring. In der braunen Zone ist Stickoxyd in Eisenvitriol gelöst. Über den Nachweis mit Diphenylamin und Indigosulfosäure s. Bd. I, 24.

Salpetrige Säure: Nitrition entfärbt Jodlösung. Über den Nachweis mit Seide und Metaphenylendiamin s. Bd. I, 24.

Unterchlorige Säure: Hypochloritanion entwickelt auf Zusatz starker Schwefelsäure gelbes Chlorgas.

Chlorsäure: Chlorate verpuffen mit Kohlenpulver im Röhrchen geglüht. Mit konzentrierter Schwefelsäure erwärmt liefern sie gelbes Chlorgas.

Phosphorsäure: Phosphatanion gibt in wässeriger Lösung mit Ammonchlorid, Ammoniak und Magnesiumchlorid oder -sulfat weißes Ammonmagnesiumphosphat. Ferner mit Salpetersäure und stark überschüssigem Ammonmolybdat bei schwachem Erwärmen kristallines gelbes Ammonphosphomolybdat.

Kieselsäure: s. S. 30.

Borsäure: Borate bilden im Porzellantiegel mit konzentrierter Schwefelsäure und Alkohol übergossen den Borsäureäthylester, der angezündet mit grüngesäumter Flamme verbrennt.

Wolframsäure: Wolframate scheiden mit konzentrierter Schwefelsäure erwärmt Wolframsäure ab, die mit Zink und Salzsäure blau wird.

Chromsäure: Chromation gibt in wässeriger Lösung mit Bleiazetat gelbes Bleichromat. Vgl. S. 31. Die Lösung sei essig-, aber nicht mineralsauer. Mineralsäure wäre durch Natriumazetat abzustumpfen.

Kohlensäure: Karbonate liefern auf Zusatz von Essig- oder Salzsäure Kohlensäuregas, das in Kalkwasser eingeleitet und in weißes Kalziumkarbonat übergeführt wird.

Ameisensäure: s. Bd. I, 113.

Essigsäure: Azetate entwickeln beim Erwärmen mit 50 %iger Schwefelsäure stechend riechende Essigsäuredämpfe.

Oxalsäure: Oxalate zerfallen beim Erwärmen mit konzentrierter Schwefelsäure in Kohlenoxyd und -dioxyd (Bd. I, 117). Läßt man das Gas Kalkwasser durchstreichen und dann aus einer Glasspitze austreten, so beobachtet man Abscheidung von weißem Kalziumkarbonat und Verbrennen mit blauer Flamme.

Oxalatanion gibt in essigsaurer wässeriger Lösung mit Kalziumchlorid einen weißen Niederschlag von Kalziumoxalat.

Weinsäure: Tartratanion gibt in neutraler wässeriger Lösung mit Kalziumchlorid einen weißen Niederschlag von Kalziumtartrat, der im Gegensatz zum Kalziumoxalat in kalter Kalilauge löslich ist. Beim Kochen der alkalischen Lösung fällt er wieder gallertartig aus. Auch in Essigsäure löst sich der Niederschlag.

Zitronensäure: Zitratanion gibt in ammoniakalischer wässeriger Lösung mit Kalziumchlorid einen weißen Niederschlag von Kalziumzitrat, aber erst beim Kochen. Der Niederschlag ist in Kupferchlorid löslich.

Milchsäure: s. Bd. I, 120. Kalziumlaktat ist leicht, Zinklaktat schwer in Wasser löslich.

Gerbsäure: s. Bd. I, 124.

Zyanwasserstoffsäure: Zyananion gibt in wässeriger Lösung mit Silbernitrat einen weißen Niederschlag von Silberzyanid, der in Ammoniak löslich ist. Durch Erwärmen mit Eisenvitriol und Natronlauge geht es in Ferrozyananion über.

Ferrozyanwasserstoffsäure: Ferrozyananion gibt in salzsaurer Lösung mit Eisenchlorid Berlinerblau. Ferrozyanide entwickeln beim Erwärmen mit konzentrierter Schwefelsäure Kohlenoxyd.

Ferrizyanwasserstoffsäure: Ferrizyananion gibt in salzsaurer Lösung mit Eisenvitriol blaues Ferroferrizyanid. Ferrizyanide entwickeln beim Erwärmen mit konzentrierter Schwefelsäure Kohlenoxyd.

Anmerkung: Sollten beim Säurenachweis die Kationen stören, so entfernt man sie vorher durch Kochen mit Soda. Die gebildeten Karbonate der Kationen werden abgefiltert und im Filtrat die nunmehr als Natriumsalze vorliegenden Säuren geprüft.

β. Organische Appreturmittel.

Weit schwieriger gestaltet sich die Analyse der organischen Appreturmittel. Sie entbehrt der scharfen, zuverlässigen Trennungsmethoden; nur wenige Reaktionen sind eindeutig. Es bedarf daher großer Übung und reicher Erfahrung, um aus dem Gesamtbild der analytischen Ergebnisse die wirkliche Zusammensetzung zu ermitteln.

Die gebräuchlichen und bewährten Reaktionen zum Nachweis organischer Appreturmittel können in Gruppen- und Einzelreaktionen unterschieden werden. Die Gruppenreagenzien sprechen auf eine ganze Reihe von Appreturmitteln an, deren Gegenwart sie nur bestätigen, aber nicht beweisen können. Sie können aber zu Trennungen dienen. Die Einzelreagenzien treffen nur für ein bestimmtes Appreturmittel zu, das mithin bei Eintritt der Reaktion zugegen sein muß.

Gruppenreagenzien.

1. 96 volumproz. Alkohol, in zehnfacher Menge zur wässerigen Lösung gesetzt, fällt Stärke, Dextrin, Gummi arabicum, Tragantgummi, Pflanzenschleime, Leim, Eiweiß und Anteile von Sulfitzelluloseablaugen (aber auch anorganische Salze!). Nicht gefällt werden Glukose, Glyzerin, Seife und Anteile der Sulfitzelluloseablauge. Durch Zusatz von einigen Tropfen verdünnter Salzsäure wird die Abscheidung von Gummi arabicum vermehrt, diejenige von Leim verringert.

2. Fehlingsche Lösung wird beim Kochen reduziert durch Glukose, Maltose, Achroodextrin und Sulfitzelluloseablauge sofort, durch Pflanzengummi und Tragant nach längerem Kochen.

3. 5proz. Tanninlösung fällt Stärke und Dextrin, aber nur in starker Lösung, Isländisch Moos und Leinsamen, namentlich in salzsaurer Lösung, ferner Flohsamen, Gummitragasol, Leim, Eiweiß. Blutalbumin gibt nur eine schwache Trübung. Die Leimfällung löst sich in verdünnter Salzsäure wieder auf.

4. Bleiessig (3 Teile Bleiazetat, 1 Teil Bleiglätte und $1/2$ Teil Wasser werden auf dem Wasserbade verrührt, bis die Farbe in weiß oder rötlichweiß übergegangen ist; dann gibt man 20 Teile Wasser hinzu, läßt absitzen und filtert) fällt Stärke in starker Lösung, Gummi arabicum, Tragant, Tragasol, Pflanzenschleime, Norgine, ferner Leim (in starker Lösung), Eiweiß, Sulfitzelluloseablaugen (aber auch Seifen, Sulfate, Chloride, Phosphate, Silikate!).

5. 5proz. Barytwasser fällt Stärke, Tragant, Gummitragasol, Karragheen, Agar-Agar, Norgine (aber auch Seifen, Sulfitzelluloseablauge und Metallsalze).

Einzelreagenzien.

6. Jodlösung (0,1 g Jod und 1,5 g Jodkalium werden in 5 ccm Wasser gelöst und auf 100 ccm aufgefüllt) gibt in kalter, neutraler Lösung mit Stärke eine blaue, mit Dextrinen eine weinrote Färbung. Tragant und Pflanzenschleime können etwas angebläut werden. In der Lösung vorhandene Reduktionsmittel wie schweflige Säure (Sulfitablauge) müssen vorher oxydiert werden.

7. Verdünnte Salpetersäure, spez. Gewicht 1,12, fällt Norgine gallertartig. Beim Unterschichten unter eine Eiweißlösung entsteht an der Berührungsstelle ein weißer Ring (aber auch bei Seifen!). Das geronnene Eiweiß wird beim Erhitzen gelb.

8. Chlorkalklösung 2—3° Bé färbt kalte Sulfitzelluloseablauge blutrot, Norgine wird gelatinös gefällt (aber auch Seife!).

9. Fehlingsche Lösung, tropfenweise zu der mit Natronlauge stark alkalisch gemachten Lösung gesetzt, gibt bei Gegenwart von Leim sofort oder bei gelindem Erwärmen Veilfärbung (Biuretreaktion). Eiweißkörper geben dieselbe Reaktion und sind daher durch Kochen der schwach essigsauren Lösung und Gerinnenlassen vorher zu entfernen.

10. Millons Reagens (1 Teil Quecksilber wird in 2 Teilen Salpetersäure, spez. Gewicht 1,4, gelöst, möglichst ohne Erwärmung, auf das dreifache Volum verdünnt, 24 Stunden stehengelassen und von etwas auskristallisiertem Quecksilbersalz abgegossen) fällt Eiweiß. Die gelbe Fällung färbt sich beim Kochen rosa. Eine rote Färbung tritt auch ein bei Sulfitzelluloseablauge in der Kälte und Gummitragasol in der Hitze. Norgine wird gallertartig gefällt. Das Millonsche Reagens erfordert die Abwesenheit von Alkalien und Seifen.

11. Ein Gemisch aus 1 Raumteil konzentrierter Schwefelsäure und 2 Raumteilen Eisessig (Adamkiewicz) färbt sich auf Zusatz von festem Eiweiß bei gewöhnlicher Temperatur langsam, bei gelindem Erwärmen schneller rot, auf Zusatz von Sulfitzelluloseablauge dunkel- bis braunrot.

12. Kaliumferrozyanid, 10%ig, zu stark essigsaurer Eiweißlösung getropft, erzeugt weiße Fällung.

13. Fuchsinschweflige Säure (Bd. I, 270) wird durch Akrolein gerötet.

14. Essigsäureanhydrid und Schwefelsäure, spez. Gewicht 1,53 (aus 34,7 ccm konzentrierter Schwefelsäure + 35.7 ccm Wasser), geben mit Harzen Rot- bis Veilfärbung (Liebermann-Storchsche Reaktion). Man schüttelt die Probe mit Essigsäureanhydrid durch, hebt dieses mit einer Pipette ab und schichtet die Schwefelsäure vorsichtig darunter. Die Färbung pflegt bald wieder zu verschwinden bzw. in Braun überzugehen. Cholesterin gibt eine ähnliche Reaktion, doch schlägt hier die anfangs rötlichbraune Färbung bald nach Grün um. (Lewkowitsch, Chemische Technologie und Analyse der Öle, Fette und Wachsarten 1908 I, S. 418: Liebermann, Ber. 1885, 1804.)

15. Ein Raumteil Chloroform, in dem Cholesterin oder Phytosterin gelöst ist, mit einem Raumteil konz. Schwefelsäure geschüttelt, färbt sich blutrot bis purpur. Setzt man zu der Chloroformschicht noch mehr Chloroform, so schlägt das Rot in farblos bis blau um und kehrt beim Schütteln wieder (Hager-Salkowski, Zeitschrift f. anal. Chem. 1872, 44; und 1887, 568.)

16. Diazobenzolchlorid (jedesmal frisch herzustellen durch Diazotierung von salzsaurem Anilin, in Wasser gelöst, mit der molekularen Menge Natriumnitrit bei Gegenwart von Salzsäure und unter Eiskühlung) gibt mit phenolhaltigen, in verdünnter Natronlauge gelösten Substanzen, z. B. Teerölen, eine Rosafärbung (Gräfe).

A. *In Äther und dergl. lösliche Appreturmittel.*

(Die S. 35 zusammengestellten Reagenzien sind mit R. abgekürzt.)

Wegen ihrer Unlöslichkeit in Wasser können sie nur in anderen Mitteln, namentlich Alkohol, gelöst oder zu Emulsionen, Pasten, festen Körpern gemischt oder als solche in Substanz vorliegen. Diese drei Fälle lassen sich vereinfachen so, daß ein und derselbe Weg der Untersuchung beschritten werden kann. Liegen Lösungen vor, so wird das Lösungsmittel verdunstet, liegen Emulsionen oder Pasten vor, so werden diese nötigenfalls mit Bimssteinpulver verrieben, bei 100° getrocknet und ebenso wie feste Körper mit Äther im Soxhletapparat extrahiert, der Äther im Scheidetrichter mit Wasser durchgeschüttelt und verdunstet. In beiden Fällen erhält man so die zu untersuchenden Stoffe in Substanz, wie sie im dritten Fall bereits vorliegen. Damit stellt man folgende Proben an:

1. Man prüft auf Verseifbarkeit nach Lux. In einem Probierrohr erwärmt man ein erbsengroßes Stück Natron- oder Kalihydrat mit 5 ccm Alkohol bis zur nahezu völligen Lösung und kocht etwa 0,1 g Substanz eine Minute damit. Bleibt die Lösung des beim Erkalten erstarrenden Rückstandes in der zehnfachen Menge Wassers klar, so liegen nur verseifbare Fette vor. Ist die Lösung trübe, so können zugegen sein: Paraffin, Mineral- und Teeröl, Cholesterin, aber auch Wachsalkohole (S. 22).

Behufs ihrer Trennung und Erkennung dampft man die alkoholische Verseifungsflüssigkeit zur Trockne und zieht den zerkleinerten Rückstand im Soxhlet mit Petroläther aus. Der Petroläther löst sowohl die Wachsalkohole als die unverseifbaren Bestandteile. Nach seinem Verdunsten kocht man den Rückstand 1—2 Stunden unter Rückfluß mit der doppelten Menge Essigsäureanhydrid. Die Wachsalkohole werden azetyliert und gehen in Lösung, zugleich etwaiges Cholesterin; die Kohlenwasserstoffe schwimmen als klares Öl oben auf. Man trennt nach Lewkowitsch, Chem. Technologie und Analyse der Fette und Wachsarten 1905, I, 410, im vorgewärmten Scheidetrichter, scheidet die

Ester durch Einlaufenlassen in heißes Wasser ab, filtert, wäscht heiß und trocknet. Die Ester haben folgende Schmelzpunkte und Verseifungszahlen:

	Smp.	V. Z.
Azetat des Zetylalkohols	22—23	197,5
Azetat des Melissylalkohols	70	116,7
Azetat des Cholesterins	114	135,5
Azetat der Bienenwachsalkohole		99—103
Azetat der Karnaubawachsalkohole		123
Azetat der Rohwollfettalkohole		150,6

2. Eine weitere Probe erwärmt man mit einer zehnprozentigen Sodalösung, klärt nötigenfalls durch Absitzenlassen, pipettiert etwas heraus und versetzt mit verdünnter Salzsäure. Milchige Trübung weist auf ursprünglich vorhandene freie Fettsäure, z. B. aus Fettpech, dem Rückstand von der Destillation des Wollfettes.

3. Man prüft mit R. 14 auf Harz.

4. Man prüft mit R. 15 auf Cholesterin (Wollfett).

5. Man prüft mit R. 16 auf Teeröle.

Man kocht 1 g Substanz 5 Minuten mit 10 ccm $n/_2$-Natronlauge, filtert nach dem Erkalten und versetzt mit der frisch bereiteten Diazobenzolchloridlösung. Sowohl Braun- als auch Steinkohlenteer geben Rotfärbung, nicht dagegen Fettpech (s. unter 2.), Erdölpech und Naturasphalt, die sich gelb bis kreß färben (Chem.-Ztg. 1906, 298 und 1908, 965). Naturasphalt verrät sich durch seinen Schwefelgehalt, durch Schmelzen mit Soda und Salpeter und Fällen der Schwefelsäure im wässerigen Auszug der Schmelze zu ermitteln, Holzteer durch seinen eigentümlichen Geruch und seine gute Löslichkeit sowohl in kaltem absoluten Alkohol, als auch in Eisessig.

6. Eine weitere Probe wird in der doppelten Menge Äther gelöst und mit der vierfachen Menge absoluten Alkohols versetzt. Eine etwaige Abscheidung, mit Alkoholäther ausgewaschen, deutet auf Kautschuk.

Das Vorhandensein von Kautschuk wird durch die zähe klebende Beschaffenheit des Rückstandes bestätigt. Mit dem fünffachen Volum Benzol eine Stunde am Rückflußkühler erhitzt und über Nacht stehengelassen, wird die Masse gleichmäßig dickflüssig. Aus ihr kann man durch vierstündiges Kochen mit dem gleichen Volum $n/_2$ alkoholischer Kalilauge, Verdunsten des Alkohols und Benzols und mehrmaliges Auskochen mit Wasser etwaige fette Öle und Harze durch Verseifung ausziehen. Etwaige Mineralöle werden mitemulgiert und können der wässerigen Lösung durch Ausschütteln mit Petroläther im Scheidetrichter entzogen werden. Der zurückbleibende Kautschuk ballt sich zusammen und läßt sich kneten (S. 121).

7. Man prüft auf Zellulosenitrat, indem man 50 qcm der Probe im Soxhlet mit Azeton auszieht, den Auszug eine Stunde auf 2—3 ccm eindampft und im Probierglas mit 15—20 ccm Chloroform verdünnt. Man filtert, wäscht mit Chloroform, verseift mit 20 ccm n/10 Natronlauge und prüft mit Ferrosulfat und Schwefelsäure (S. 00) auf Salpetersäure (P. Slansky, Chem. Ztg. 1932, 20).

B. Wasserlösliche Appreturmittel.

Mit Hilfe der erwähnten Reagenzien läßt sich folgender Analysengang zur Auffindung wasserlöslicher Appreturmittel aufstellen:

Die wässerige Lösung wird mit einigen Tropfen R. 7 versetzt; gelatinöser Niederschlag deutet auf Norgine. Man neutralisiert möglichst genau mit Ammoniak, filtert und versetzt mit R. 1; man läßt verschlossen über Nacht absitzen, gießt durch ein gewogenes Filter ab und wäscht den Rückstand mit etwas Alkohol nach. Der Rückstand wird lufttrocken gewogen. Er kann enthalten: anorganische Salze, Stärke, Dextrin, Gummiarten, Pflanzenschleim, Sulfitablaugenbestandteile, Leim, Eiweiß; die Lösung Glukose und Glyzerin, Seife, Fette und Öle, geringe Bestandteile von Sulfitablauge.

Der Niederschlag wird mit kaltem Wasser angerührt.

In Lösung geht Dextrin und wird durch die Rotfärbung mit R. 6 nachgewiesen. Die Beeinträchtigung der Reaktion durch anwesende Stärke beseitigt man durch Abscheidung der Stärke durch Zusatz von Alkohol zur eingedampften Lösung bis zur beginnenden Trübung und Wiederholung der Reaktion.

Ferner: Anorganische Salze (S. 24).

Der Rückstand wird mit siedend heißem Wasser angerührt, eine halbe Stunde auf dem Wasserbad erwärmt und gefiltert.

Das Filtrat wird in drei Teile geteilt:

1. Man versetzt mit R. 6. Rotfärbung zeigt Dextrin, Blaufärbung Stärke an. Wird die Reaktion durch anwesendes Dextrin beeinträchtigt und ist die Farbe nicht eindeutig, so dampft man einen weiteren Teil des Filtrates ein, fällt die Stärke mit Alkohol, filtert und prüft den vom Filter herunter genommenen Rückstand und das Filtrat, jedes für sich mit Jod.

2. Man setzt einen Tropfen Essigsäure zu, kocht eine Minute, damit Spuren Eiweiß gerinnen, filtert, macht mit Natronlauge alkalisch und bläut eben mit R. 9 an; beim Umschütteln und gelinden Erwärmen eintretende Veilfärbung deutet auf Leim.

3. Die Hauptmenge wird kalt mit R. 4 im Oberschuß versetzt, gefiltert und gewaschen. Das Filtrat wird nicht berücksichtigt. Der Rückstand wird feucht auf dem Filter mit 50 prozentiger Essigsäure versetzt.

Das Filtrat versetzt man mit R. 2. bis das niedergeschlagene Bleisulfat sich wieder lösen will, darauf mit Natronlauge im Überschuß bis zur völligen Lösung. Nach einiger Zeit sammeln sich an der Oberfläche weiße zähe Flöckchen: Gummiarabicum oder Tragasol.

Der Rückstand kann Tragant, Tragasol, Pflanzenschleime und Sulfitlaugenanteile enthalten.

Er wird mit der zehnfachen Menge Wassers gekocht und gefiltert, darauf R. 5 zugesetzt und weiter gekocht. Gelbfärbung der Lösung, die beim Erkalten verschwindet, deutet auf Tragant. Pflanzenschleime entbehren eigentümlicher Reaktionen. Tragasol und Sulfitlaugenanteile werden mit R. 10 nachgewiesen.

Der Rückstand wird mit R. 9, R. 10 und R. 11 auf Eiweiß geprüft. Er kann noch Stärke enthalten (R. 6) und Metallseifen. Diese verraten sich beim Kochen mit konz. Salzsäure durch die Abscheidung von Fettsäure und die Anwesenheit von Kalzium, Magnesium usw. im Filtrat.

Aus der Lösung destilliert man den Alkohol ab, zuletzt im gewogenen Schälchen. Der Rückstand wird bei 80° getrocknet und gewogen. Dann wird er im Scheidetrichter ausgeäthert.

Die ätherische Lösung wird mehrere Male mit Wasser gewaschen und verdunsten gelassen. Ein Rückstand deutet auf Fett und Öl.

Die wässerige Lösung wird mit verdünnter Salzsäure angesäuert; Fett- und Harzsäuren scheiden sich aus: in diesem Falle wird ausgeäthert.

Die ätherische Lösung wird mehrere Male gewaschen und verdunsten gelassen. Ein fettiger Rückstand deutet auf Seife; ein spröder auf Harzseife mit R. 14 zu prüfen.

Die wässerige Lösung wird gekocht. Weitere Abscheidung von Fettsäuren deutet auf Türkischrotöle. In diesem Falle läßt sich in der wässerigen Lösung Schwefelsäure nachweisen.

Die Lösung wird in drei Teile geteilt:

1. versetzt man mit R. 10. Rotfärbung zeigt Sulfitablauge an.

2. kocht man kurz mit R. 2. Gelbrote Trübung zeigt Glukose und Rohrzucker an, der durch das Kochen mit Salzsäure invertiert wurde (zweifelsfrei aber nur bei Abwesenheit von Sulfitlauge).

3. (Die Hauptmenge) wird auf dem Wasserbad eingedampft. Bei Gegenwart von Glukose wird der Sirup mit der achtfachen Menge Alkohol und der achtfachen Menge Äthers verrührt und über Nacht verschlossen stehen gelasssen. Die Lösung wird abgegossen, der Alkohol und Äther verjagt und der zurückbleibende Sirup mit der zehnfachen Menge Kaliumbisulfats im Probierrohr erhitzt. Die entstehenden Akroleindämpfe deuten auf Glyzerin und können durch R. 13 nachgewiesen werden (s. a. Massot M. f. Textilind. 1907, 52).

Bei Abwesenheit von Glukose kann der Sirup der Akroleinprobe unmittelbar unterworfen werden.

C. Unlöslicher Bodensatz.

Bleibt nach dem Ausziehen eines appretierten Gewebes oder Appreturmittel mit Äther und kochendem Wasser ein mechanisch heruntergelöster Bodensatz, so kann dieser aus anorganischen Verbindungen wie Gips, Schwerspat, Bleioxyd, Talk, Kaolin und Mineralfarbstoffen, aber auch aus organischen wie Eiweiß, Stärke, Kork- und Lederpulver, Holzmehl und Scherhaaren bestehen. Zur Unterscheidung ist in erster Linie das Mikroskop heranzuziehen. Bei 200- bis 250facher Vergrößerung zeigen sich die eigentümlichen Formen etwaiger nicht aufgeschlossener Stärkesorten, ferner die strukturlosen Gebilde der anorganischen sowie der Eiweißverbindungen (durch R. 10 und R. 11 nachzuweisen). Bereits bei mäßiger Vergrößerung treten die Korkzellen auf, besonders nachdem man den zu untersuchenden Bodensatz etwa 15 Minuten mit Sudanglyzerin (von Dr. Grübler in Leipzig zu beziehen) übergossen, die Färbeflüssigkeit entfernt und mit einem Tropfen Wasser auf den Objektträger gebracht hat. Eigentümlich sind die reihenweise angeordneten viereckigen Gebilde, die wegen ihres Luftinhaltes nicht netzbar sind.

Auch die Frage, ob in einem Bodensatz Getreidemehle u. a. sich vorfinden, läßt sich mit Hilfe des Mikroskops beantworten. Man trocknet ein wenig auf einem Objektträger, bedeckt mit einem Tropfen Chloralhydrat zur Aufhellung der Stärke und betrachtet bei etwa 250facher Vergrößerung. Bei Gegenwart von Mehl findet man Gewebetrümmer der Getreidesamen und Haare des Korns.

Holzmehl kann durch die Rotfärbung mit Phlorogluzin-Salzsäure und die Gelbfärbung mit Anilinsalz erkannt werden.

Lederpulver verrät sich durch seinen Stickstoffgehalt (Berlinerblaureaktion).

Scherhaare sind als solche ohne weiteres zu erkennen; sie zeigen die den Wollfasern eigentümliche Schuppenbildung.

Literatur: Lunge-Berl, Chem.-techn. Untersuchungsmethode Bd. IV, 1087. Berlin 1924. Massot, Anleitung zur qualitativen Appretur- und Schlichte-Analyse, Berlin, J. Springer, 1911 und E. Schmidt, Beitrag zur Appreturanalyse, Chem.-Ztg. 36, 313; 1912.

3. Herstellung der Appreturmasse.

Eine brauchbare Appreturmasse muß von vollkommen gleichmäßiger Zusammensetzung sein. Sie wird daher am besten in einem der in jeder Farbküche gebräuchlichen doppelwandigen Kupferkessel mit Rührwerk, einem sogenannten Appretkocher (Abb. 15) bereitet.

Das vom Motor *m* angetriebene Rührwerk ist herausnehmbar und der Kessel mit dem Handgriff *h* dann kippbar. In den doppelwandigen Zwischenraum *z* kann sowohl indirekter Dampf als Wasser, einerseits zum Kochen, andererseits zum Abkühlen, treten. In dem sogenannten Planetenrührwerk dreht sich ein kleiner Rührer r_1 (Planet) um die Achse des größeren r_2.

Leim ist vorher zu quellen und durch Kochen mit Wasser in Lösung zu bringen.

Pflanzenschleime sind unter Umrühren und Erhitzen in Wasser einzustreuen und in Lösung zu bringen.

Wasserunlösliche Stoffe, wie Wachs und Paraffin, sind vorher mit Hilfe von Seife oder Nekal AEM zu vermilchen.

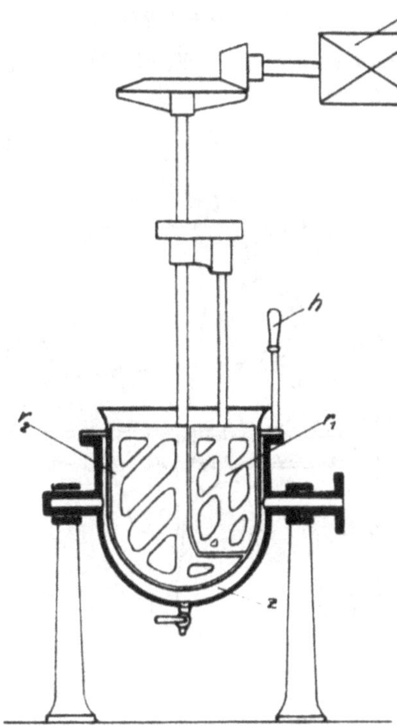

Abb. 15. Appretkocher.

Die einzelnen Appreturmittel werden im allgemeinen in folgender Reihenfolge in den Kocher gegeben:

Die Salzlösungen.

Der Kaolinteig.

Die Pflanzenschleime.

Nachdem gekocht und (durch Zugabe von Wasser) auf 40° abgekühlt wurde, die mit Wasser zur Milch angerührte Stärke.

Die mit Wasser gelöste lösliche Stärke, Dextrin, Stärkesirup, Leim.

Nachdem bis zur vollständigen Verkleisterung gekocht, bei abgestelltem Dampf die vermilchten Fette, Wachse und Paraffin unter stetem Rühren.

Die Farbstoffe (Bläuungsmittel usw.) gelöst oder vermilcht.

Die fäulniswidrigen Stoffe.

(S. a. G. Schmitt, Gesetzmäßigkeiten im Baumwollausrüstungsfache, Wolle und L. 1927, 497.)

4. Aufbringen der Appreturmasse.

Die Appreturmasse kann entweder beidseitig aufgebracht werden, indem die Ware vollständig von ihr durchtränkt wird (Vollappretur), oder nur einseitig, wobei man wieder die häufigere Linksappretur (z. B. bei gemusterten Geweben) und die seltenere Rechtsappretur unterscheidet.

a. Vollappretur.

Für die Vollappretur dienen die Stärke- oder Gummiermaschinen, Bd. III, 411.

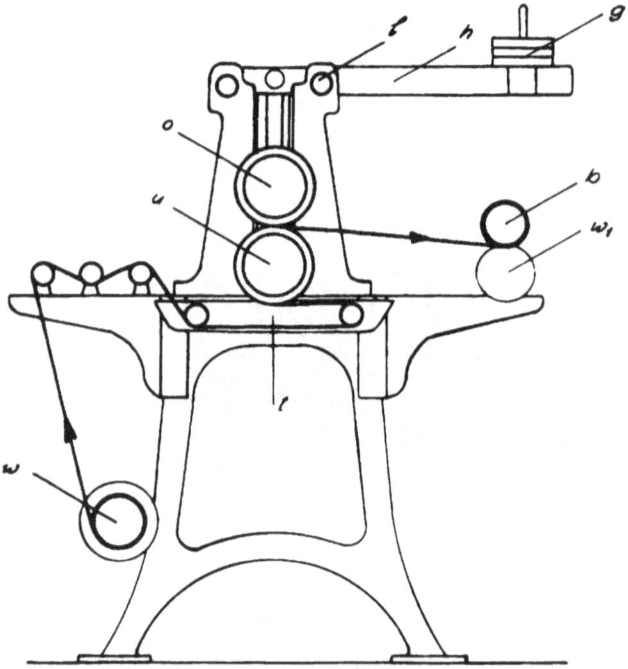

Abb. 16. Stärkemaschine für Vollappretur.

Bei der Maschine der Chemnitzer Färbereischule (Abb. 16) läuft die Ware vom Warenbaum *w* über und unter 5 Leitwalzen; die 3 ersten befinden sich vor dem Trog und dienen zum Breithalten, die beiden letzten liegen im Trog *t* und führen die Ware durch die Appreturflotte. Die Ware wird dann durch das Quetschwalzenpaar gleichmäßig ausgepreßt. Die Unterwalze *u* wird angetrieben, die Oberwalze *o* wird mitgenommen und ist durch den Hebel *h* mit den auflegbaren Gewichten *g* belastet. Bei Nichtgebrauch läßt sich Hebel samt Oberwalze etwas anheben und durch einen in Loch 1 gesteckten Pflock festhalten. Die ausgepreßte Ware wird auf dem Baum *b* aufgewickelt, der von der Walze w_1 mitgenommen wird. w_1 wird von *u* durch Riemenübertragung mitgenommen.

β. Einseitige Appretur.

Für die einseitige Appretur kann die Masse auf verschiedene Weise aufgetragen werden:

a) Das Quetschwalzenpaar der Stärkemaschine taucht mit der unteren Walze *u* zum Teil in die Appreturmasse ein (Abb. 17). Die untere Walze überzieht sich daher mit einer Schicht Appreturmasse und überträgt sie an die durch das Walzenpaar hindurch-

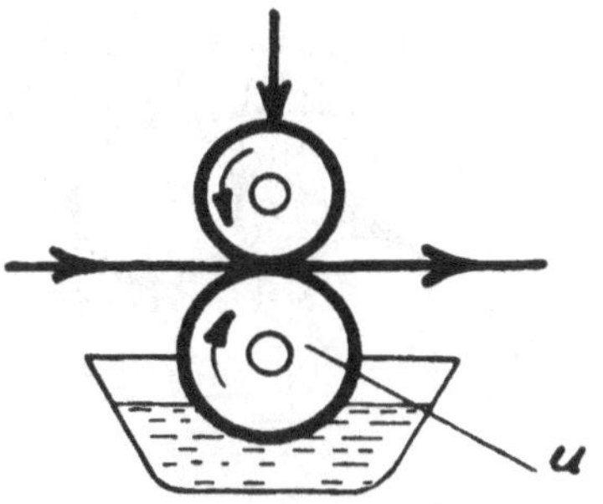

Abb. 17. Stärkemaschine für einseitige Appretur.

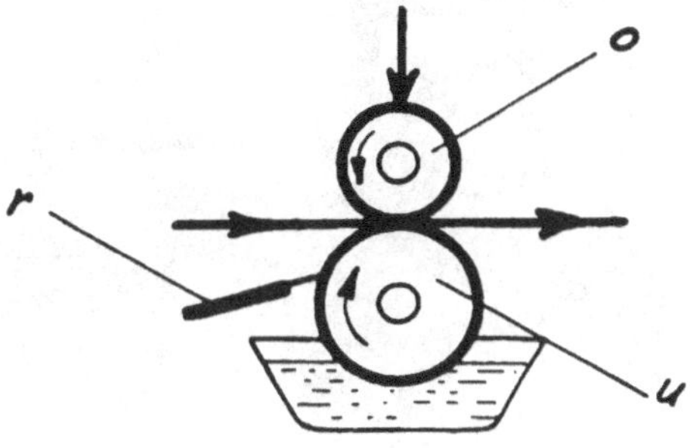

Abb. 18. Rakelappretur.

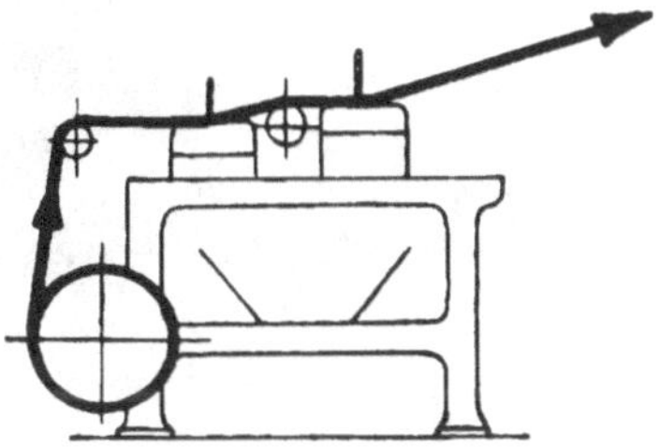

Abb. 19/20. Streichstuhl (Luftrakel), Modell JO von C. H. Weisbach in Chemnitz.

geführte Ware. Bei Linksappretur ist die linke Seite, bei Rechtsappretur die rechte Seite unten, bei Barchent z. B. die glatte, rechte Seite unten, die gerauhte oben. Die übertragene Masse ist nur gering.

b) Größer ist die Übertragung bei der Rakelappretur (Abb. 18), bei der die untere Walze *u* mit Punkten graviert ist und dementsprechend eine größere Menge aufnimmt, deren Überschuß durch eine auf der Oberfläche anliegende Schiene *r* (Rakel) abgestreift wird, ehe die Masse mit der durch die Oberwalze *o* angepreßten Ware in Berührung kommt.

c) Noch größer ist aufgetragene Masse beim Streichstuhl (Luftrakel) (Abb. 19/20). Hier läuft die Ware unter Spannung vom Baum über 2 Leitwalzen, hinter denen 2 senkrechte Rakel aus Glas oder Metall die Ware schwach einknicken. Man schöpft die Appreturmasse mit Löffeln vor die Rakel, die den Überschuß abstreichen und seitlich abfließen lassen.

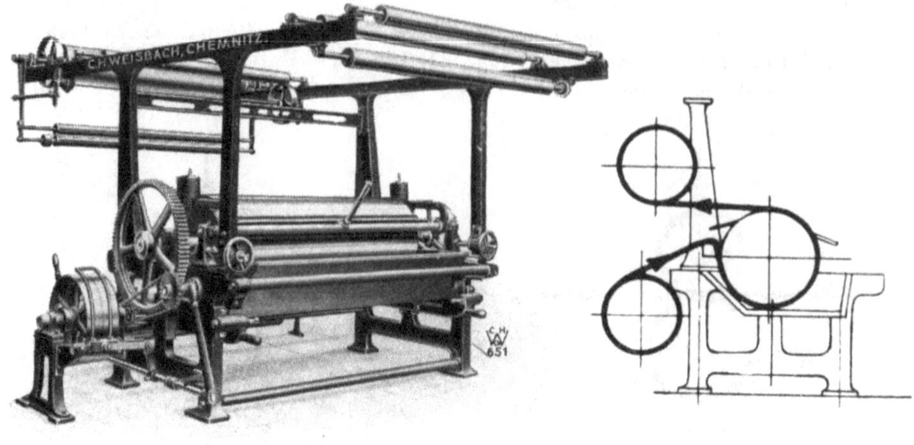

Abb. 21/22. Rakelstärkmaschine.

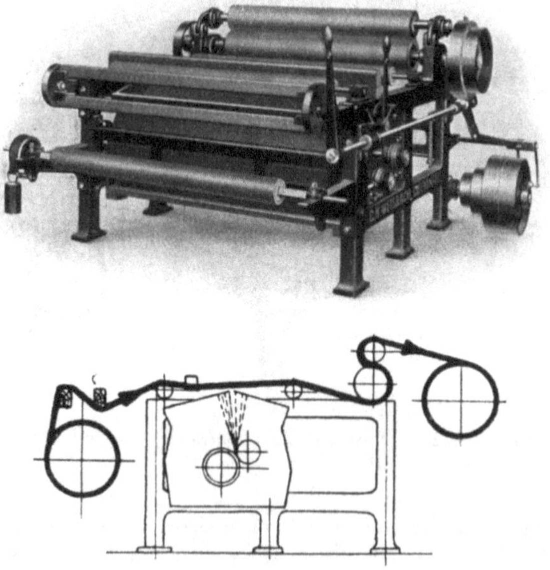

Abb. 23/24. Einspreng-Maschine, Modell B B, Bürstensystem, von C. H. Weisbach in Chemnitz.

d) Die Rakelstärkemaschine, Modell HY, von C. H. Weisbach (Abb. 21/22), führt die Ware um eine angetriebene Hartholz- oder Weichgummiwalze, Durchmesser 60—100 cm. Die Holzwalze ist mit dünnem Baumwollstoff mehrfach faltenlos umwickelt. Die Walze lagert im Trog ziemlich nahe an der Eingangswand und an dem Spannstab, über den die Ware eintritt. Der Rakel rechts streicht die überschüssige Appreturmasse ab, der Rakel links reinigt die große Walze. Durch entsprechende Einstellung des rechten Rakels läßt sich die Menge der aufgenommenen Appreturmasse regeln. Die appretierte Ware wird aufgebäumt und sofort getrocknet.

e) Dünnflüssige Appreturmassen können auch eingesprengt werden entweder auf Einsprengstühlen mittels Bürsten (Bd. IV, 154) (Abb. 23/24), oder vermittels Düsen (besonders bei mehrfarbigen Seidenwaren) (Abb. 25/26).

Für die Wahl des Auftragverfahrens ist die Bedingung ausschlaggebend, daß die Masse nicht auf die andere Seite durchschlagen darf.

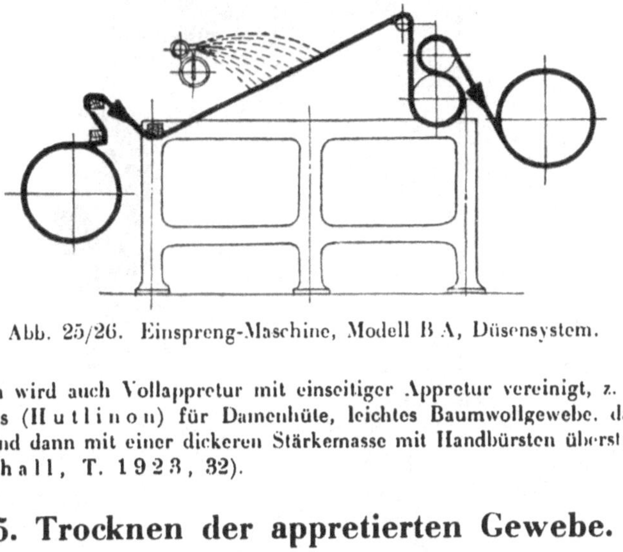

Abb. 25/26. Einspreng-Maschine, Modell B A, Düsensystem.

Zuweilen wird auch Vollappretur mit einseitiger Appretur vereinigt, z. B. bei den Rollbocks (Hutlinon) für Damenhüte, leichtes Baumwollgewebe, das zunächst vorgestärkt und dann mit einer dickeren Stärkemasse mit Handbürsten überstrichen wird (A. Marschall, T. 1923, 32).

5. Trocknen der appretierten Gewebe.

Getrocknet wird auf

Spannrahmen, Bd. III, 403, 472 (s. a. L. A. Anke, M. f. Textilind. 1924, 226).

oder Zylindertrockenmaschinen, Bd. III, 407

oder Hängetrockenmaschinen, Bd. III, 487.

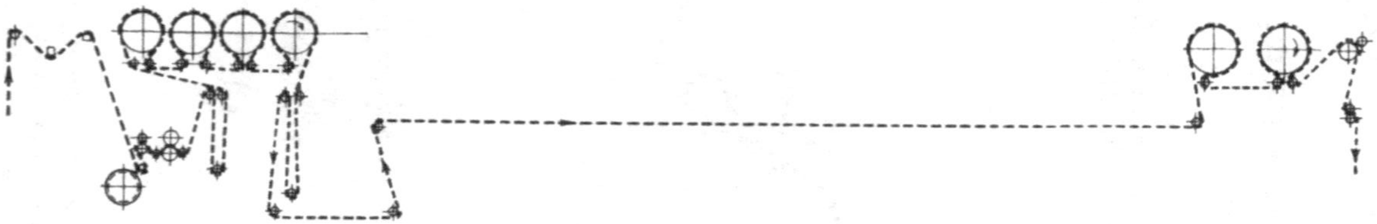

Abb. 27/28. Spann- und Trockenmaschine.

Einfache Trockenrahmen werden in der Hauptsache noch für Spitzen und Gardinen verwendet. Die Bedienung ist teuer.

Da, wo es auf ein gleichmäßiges Fadenbild ankommt, verwendet man gern die Planrahme, z. B. in Gestalt der Spann- und Trockenmaschine, Modell RU, mit Tasterkluppenkette, Vorwärmemaschine, Stärkmaschine und Nachtrockenzylindern von C. H. Weisbach in Chemnitz nach Abb. 27/28.

Die Ware wird vorn in die Maschine gegeben, läuft in einfacher Bahn durch und gelangt am rückwärtigen Ende zur Aufwickelung oder zum Leger. Die in Etagenrahmen nötigen Umkehrhaspeln werden also vermieden. Auch liegt die Kettenbahn nicht wie bei der Etagenrahme innerhalb, sondern außerhalb des Trockenraumes. Dadurch wird die Gefahr der Verschmutzung durch aufspritzendes Schmieröl usw. vermieden. Deshalb benutzt man die Planrahme besonders für Weiß und helle Farben.

Freilich beansprucht die Planrahme einen längeren Raum. So weist die Abb. 27 10 Felder Länge auf. Der Trockenraum wird durch Heizaggregate mit Warmluft versorgt. Die Aggregate bestehen aus Ventilator, Lamellenlufterhitzer und Rohrleitung und werden in der Regel ober- und unterhalb der Warenbahn, je nach der Länge der Maschine, 2-, 4- und 6fach angeordnet. Abb. 27 zeigt eine 6fache Beheizung.

Die warme Luft wird so geführt, daß die Ware in den ersten Feldern mit der heißesten Luft in Berührung kommt. In den späteren Feldern wird die Temperatur niedriger gehalten. Durch Rücksaugleitungen an den vorderen Heizelementen wird ein Teil der nicht völlig ausgenutzten Warmluft wieder zum Trocknen verwendet. (Vgl. Bd. III, 384.)

Durch Verwendung von Elektromotoren mit veränderlicher Geschwindigkeit zum Antrieb kann auf jede beliebige Meterzahl eingestellt werden.

Spannrahmen bedürfen, damit die Leisten der Ware sicher von den Kluppen oder Nadeln gefaßt werden, der Nachhilfe durch je eine Arbeiterin an jeder Leiste. Neuerdings gibt es selbsttätige Wareneinführungseinrichtungen.

Bei der elektrischen Vorrichtung von C. H. Weisbach in Chemnitz ist ein Drehzapfen mit der Kettenführungswand verbunden. Auf ihm sitzt ein Hebel, dessen einer Arm den an der Warenleiste anliegenden Taster trägt. Der andere Hebelarm schwebt bei normalem Lauf der Ware frei zwischen zwei elektrischen Kontakten. Er legt sich an den oberen Kontakt an, wenn das Gewebe nach innen verläuft, und an den unteren, wenn das Gewebe nach außen verläuft. In beiden Fällen werden Stromkreise geschlossen, die die Führung der Scharnierwand nach innen oder außen bewirken.

Bei der pneumatischen Vorrichtung von C. G. Haubold in Chemnitz legt sich ebenfalls ein durch Gegengewicht einstellbarer Taster mit leichtem Druck an die Gewebekante an und folgt ihren Bewegungen. Der Taster betätigt eine Umsteuervorrichtung für Druckluft. In der Mittelstellung wird die Druckluft auf beide Seiten eines Kolbens geleitet; der Kolben bleibt also in Ruhe. Gefährdet das Verlaufen der Gewebekante die gleichmäßige Einführung, so gibt der

Taster die Ableitung vor oder hinter dem Kolben frei, so daß die Luft entweichen und der Kolben sich in Bewegung setzen kann. Die Bewegung des Kolbens hat dann die Verschiebung der Einlaßwände in der gewünschten Richtung zur Folge.

Abb. 29. Schußfadenrichter.

Sehr wichtig ist auch, daß die Gewebebahn fadengerade in die Trockenmaschinen einläuft. Die Richtung des Schußfadens muß parallel der Achse der einführenden Leitwalzen sein. Dies bewerkstelligt der Schußfadenrichter von C. H. Weisbach in Chemnitz (Abb. 29).

Die gut zu übersehende Warenbahn wird über vier durch Gelenkstangen verbundene und axial zueinander verstellbare Walzen geführt. Durch das Verwinden der Walzen zueinander wird die Gewebebahn entweder auf der einen oder auf der anderen Seite gelängt und so die Schußfadenlage schnell geregelt. Ein Mann genügt zur Bedienung. In der oberen Hälfte der Abbildung 29 ist z. B. durch Verschiebung der beiden Walzenachsen mittels Handrads und Schneckenradübersetzung die rechte Seite der Warenbahn gelängt, so daß alsbald der Schußfaden gerade gerichtet ist und in die Normal-Stellung der unteren Hälfte der Abbildung zurückgekehrt werden kann.

Der Kantenführer von C. H. Weisbach in Chemnitz sorgt dafür, daß das Gewebe bei Ausrüstungsmaschinen wie z. B. Breitstreck-, Breitwasch-, Druck-, Merzerisier-, Spann- und Trocken- und Zylinder-

Abb. 30. Kantenführer.

trockenmaschinen, ferner Gassengen und Kalandern genau in der Mitte einläuft. Er arbeitet ohne Kraftquelle, wie Abb. 30 zeigt.

Der Kantenausroller von C. G. Haubold in Chemnitz streicht eingerollte Gewebekanten mittels zweier schräggestellter Teller, an deren Berührungslinie die Kante erfaßt wird, aus.

Für feinfädige Seiden- und Kunstseidengewebe, die sehr geschont werden müssen und weder in der Länge noch in der Breite gedehnt werden dürfen, ferner für Gewebe, die wie z. B. Crêpe de Chine schrumpfen müssen, empfiehlt sich der Sauglufttrockner, System Buthion, von C. H. Weisbach in Chemnitz (Abb. 31/32). Die Ware wird hier mit feuchter warmer Luft behandelt und erhält dadurch schönen vollen Griff.

Das nasse Gewebe tritt über eine Reihe von Zuführwalzen und Breithaltern durch einen Schlitz in der Wand des Trockenschrankes in das Innere und legt sich zwanglos auf die Trockentrommel, deren Saugwirkung an dieser Stelle unterbrochen ist.

Der durchlochte Trommelmantel ist mit einem weichen Gewebe umwickelt. Das Innere der Trommel ist an den Ansaugstutzen eines Saugluft-Ventilators seitlich vom Trockenschrank angeschlossen.

Der Ventilator bläst die Hauptmenge der angesaugten Luft auf ein Heizsystem im Sockel der Maschine. Nur ein geringer Teil wird abgeführt.

Die Seitenwände der Trommel sind verstellbar so, daß nur in Gewebebreite gesaugt wird.

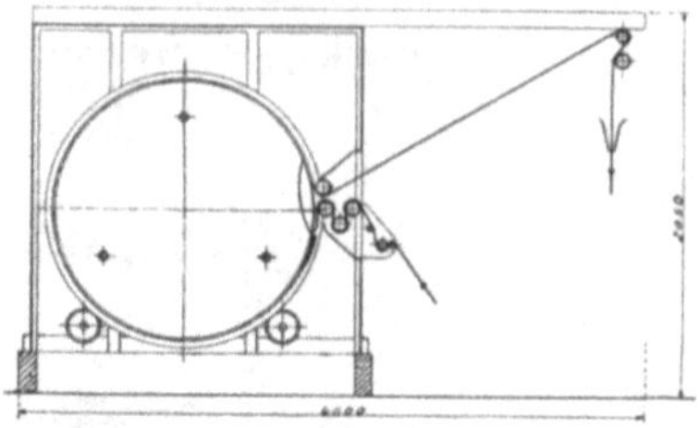

Abb. 31/32. Sauglufttrockner.

Die Ware wird von der sich drehenden Trommel herumgeführt und tritt durch denselben Schlitz aus dem Trockenschrank heraus und wird abgetafelt. Am Warenauslauf ist wiederum die Saugwirkung der Trommel aufgehoben.

Der Hauptvorteil der neuen Maschine ist die Befreiung der zu trocknenden Ware von Spannung und Druck während des Trocknens. Die Ware wird nicht geplättet und geglättet wie bei der Auflage auf den Metallflächen der Trockentrommeln. Ein weiterer Vorteil ist die ganz gleichmäßige Durchtrocknung. Bei der Oberflächentrocknung der Spannrahmen durch heiße Luft wird die Oberfläche der Ware übertrocknet, das Innere bleibt noch feuchter. Dadurch kommt leicht ein unschöner, mehr oder weniger harter Griff zustande.

III. NACHAPPRETUR.

Die Nachappretur umfaßt alle Vollendungsarbeiten bis zur verkaufsfertigen Ware. Sie unterscheiden sich je nach Faser, Fadenstärke, Fadeneinstellung und Bindung des Gewebes. Auch dürfte es kaum zwei Appreturbetriebe geben, die die gleiche Appreturwirkung auf genau gleichem Wege zu erzielen versuchen. Es soll daher im folgenden nur ein Durchschnitt aus der üblichen Nachappretur gegeben werden, ein allgemeiner Gang, von dem im besonderen Falle abgewichen werden kann.

1. Baumwollgewebe

α. Appretbrechen.

Ist die Ware infolge unrichtiger Zusammensetzung der Appreturmasse (zuviel Stärke) zu hart (brettig) geworden, so muß die zu weit gehende Verklebung der Fäden gebrochen werden. Für leichte Waren

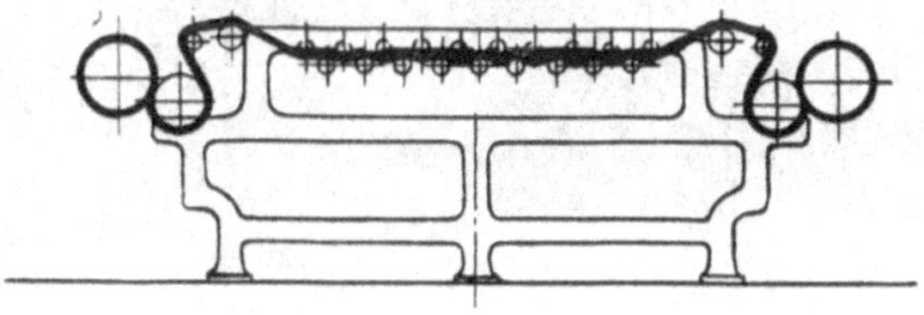

Abb. 33/34. Appretbrech-Maschine, Modell J F, mit Knopfwalzen.

genügt die mit zwei zueinander verstellbaren Reihen Knopfwalzen versehene **Knopfbrechmaschine** (Abb. 33/34) oder seltener die Maschine mit **Rillenwalzen**, das sind zwei mit Gummihosen überzogene Walzen, deren Rillen so zueinander stehen, daß die Erhöhungen der einen in die Vertiefungen der anderen passen. Die untere wird angetrieben, die obere läuft mit.

Bei der Maschine mit 19 trommelartig gelagerten umlaufenden Spiralwalzen läuft die Ware in der Drehrichtung der Wälzchen um sie herum (Abb. 35/36). Es tritt keine Reibung auf, demzufolge auch keine Glanzstellen.

Abb. 35/36. Appretbrech-Maschine, Modell J J, mit 19 Spiralwalzen.

Abb. 37. Patent-Veredlungsmaschine.

Auf ganz anderem Wege wird die appretbrechende Wirkung von der Veredelungsmaschine von E. Geßner in Aue (Abb. 37) erreicht. Die Ware erhält dabei einen weichen vollen Griff und nimmt Wollcharakter an.

Sie wird geradlinig ohne Knickung zwischen zwei Reihen von je 16 Nadelwalzen hindurchgeführt. Die untere Reihe ist fest gelagert; die obere kann mit wechselndem

Druck dagegen eingestellt werden. Jede Reihe hat ihren Riemenantrieb für sich. Die Nadelspitzen dringen von beiden Seiten in die Ware ein. Die Ware läuft mit einer Geschwindigkeit von 1—1½ m in der Sekunde und wird auf einer Tresse (Rückführungstisch) abgetafelt, von wo aus sie 8—12mal an den Eingang der Maschine zurückkehrt.

S. a. E. Brenger, Eine neue Gewerbeveredelungsmaschine, T. 1924, 110, und M. f. Textilind. 1927, 477.

β. Strecken.

Ware, deren Appret nicht gebrochen zu werden braucht, die vielmehr noch dehnbar, andererseits aber auch stark genug ist, kommen im trockenen, appretierten oder nicht appretierten Zustande zum Strecken oder Breitstrecken, Bd. IV, 146. Angewendet wird

die Breitstreckmaschine mit Riemen (Abb. 117),

das Breitstreckegalisierrad (Abb. 118) und

die Breitstreck- und Egalisiermaschine (Abb. 119).

γ. Kalandern.

Die gestreckte Ware wird kalandert, Bd. III, 409. Je nach der Höhe des zu erzielenden Glanzes verwendet man Rollkalander (Abb. 108 und 109) — die Ware läuft zwischen Metall- und Baumwoll- (oder Papier-)walze von gleicher Umfangsgeschwindigkeit — oder

Friktionskalander — die Metallwalze läuft schneller um als die Baumwollwalze — oder

Riffel-(Seidenfinish-)kalander — die Stahlwalze hat 6 bis 14 Rillen auf 1 mm, die sie in das Gewebe einpreßt (S. 104).

Über Gaufrierkalander s. Bd. III, 410.

Ware, deren Appret gebrochen werden mußte, wird vor dem Kalandern eingesprengt (vgl. S. 45). Hierfür hat sich auch die Kreiselkrafthochleistungsdüse von G. Schlick, Dresden (M. f. Textilind. 1927, 488) bewährt. Das Kalandern kann dann ersetzt werden durch das

δ. Mangeln.

Die Behandlung der eingesprengten und auf einen Baum gewickelten Ware kann durch rollenden Druck oder durch Schlagwerkzeuge geschehen.

Der rollende Druck wird erzeugt entweder in den Kastenmangeln, Bd. IV, 234 — die Ware wird zwischen dem glatten Tisch und dem unten glatten, 10—14 t schweren Kasten mehrere Male hin und her gerollt, umgebäumt und wiederum gerollt wie in einer Wäscherolle — oder

durch die hydraulische Walzenmangel (Abb. 38), Bd. III, 410.

Das Schlagen besorgen die Stampf-(Beetle-)kalander, Bd. III, 411.

Abb. 38. Hydraulische Walzenmangel mit patentierter doppelter Revolveranordnung von C. H. Weisbach in Chemnitz.

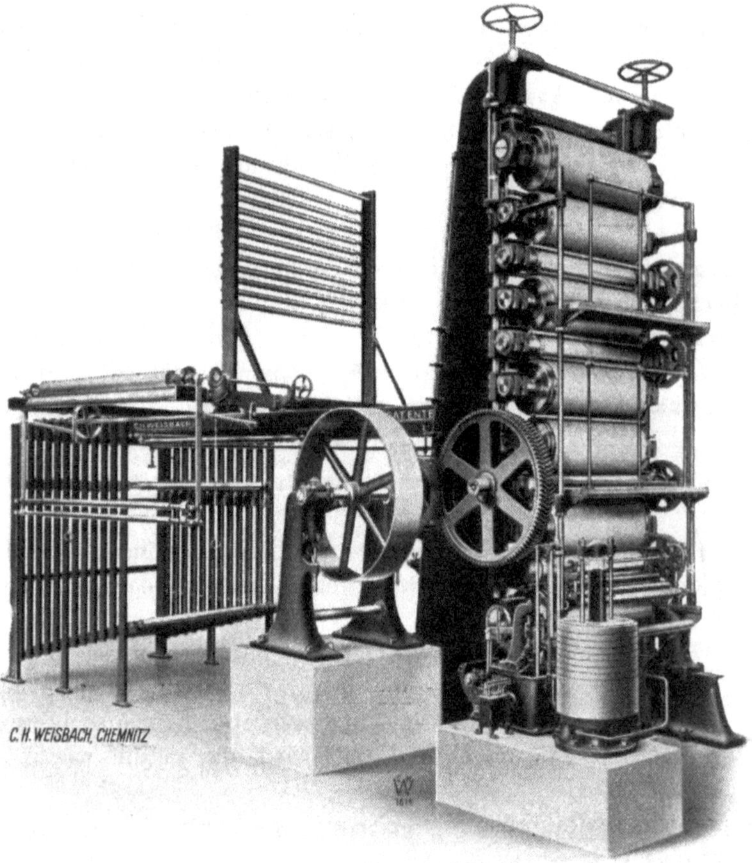

Abb. 39/40.

Einen Ersatz bietet der Chasingkalander oder die Kontinumangel (z. B. Model KW von C. H. Weisbach in Chemnitz, Abb. 39/40), ein Roll- und Mattkalander mit 11 Walzen mit hydraulischem Druck von 50000 kg und zwölffachem Chasing.

ε. Pressen.

Ware, deren Appret gebrochen wurde, wird auch an Stelle des Kalanderns oder Mangelns gepreßt, und zwar auf der Muldenpresse, Bd. III, 473. Man kann die Mangel mit dem Roll-, die Muldenpresse mit dem Friktionskalander vergleichen. Vor der Mulde steht ein Dämpftisch, über dem die Ware aufgedämpft und angefeuchtet wird. Die Ware läuft mit der gleichen Geschwindigkeit wie der angetriebene Zylinder und erhält auf der Muldenseite höheren Glanz.

Abb. 41 zeigt die Einmuldenpresse PE von E. Geßner mit festgelagertem Zylinder von 80 cm Durchmesser und abhebbarer Mulde.

Das Muldenpressen ist besonders für Rauh- und Strichware üblich.

Seltener wird die Span- oder Plattenpresse angewendet, Bd. III, 473. Vgl. Abb. 60 und S. 74.

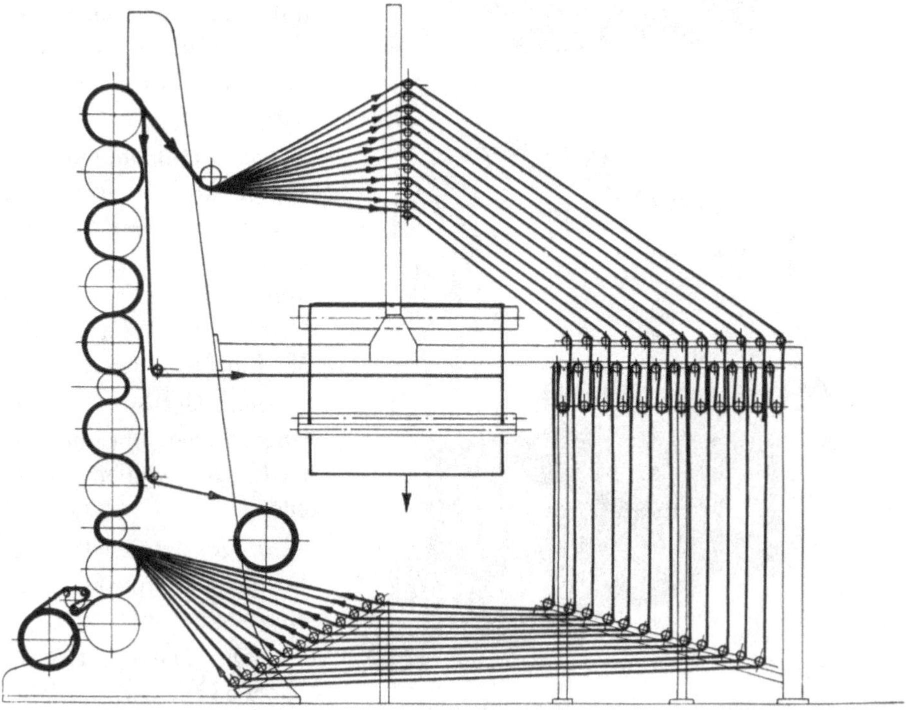

Kontinu-Mangel.

ζ. Schlußarbeiten.

Die Ware wird beschaut, d. h. auf etwaige Fehler untersucht. Um Zeit zu sparen wird das Beschauen meist mit dem Legen, Doppeln und Messen verbunden (Abb. 42).

Das Legen besteht in dem Auftafeln der Ware. Die dazu dienenden Maschinen, z. B. von E. Geßner in Aue, A. Monforts, M.-Gladbach, und Roßweiner Maschinenfabrik, verbinden damit das Messen.

Abb. 41. Einmuldenpresse.

Das so wichtige Messen muß maschinell vorgenommen werden, damit gleichmäßige Spannung des Gewebes gewährleistet ist. Man zählt entweder durch Apparate die Umdrehungen eines Meßrades oder einer mit Plüsch bezogenen Meßtrommel, über die die Ware geleitet wird oder

man läßt auch in die Warenbahn ein Metermaß aus Papier laufen, das dauernd bis zum Verbrauch der Ware liegen bleibt, ein sogenanntes Meßband, oder

man legt in genau 1 m lange Lagen ab, die nur noch zu zählen sind, oder

man stempelt die Warenkante von Meter zu Meter ab.

Abb. 42. Warenmeß- und -beschau-Maschine von E. Geßner in Aue.

Das Doppeln (doublieren) faltet die Ware der Länge nach.

Sie läuft über die knickende Spitze eines dreieckigen Tisches nach unten, Leiste wird auf Leiste gelegt und die Falte durch ein Walzenpaar gepreßt. Die Walzen müssen mit leichtem Kaliko umwickelt („bombiert") sein, damit der Druck weich und elastisch ist und die Falten nicht verquetscht.

Zum Schluß wird die gewickelte oder gelegte Ware verschnürt und in Packpapier gewickelt. Die Farbe der Schnüre soll mit derjenigen der Ware harmonieren.

Über die Ausrüstung von Baumwollfutterstoffen s. R. Taubitz, Z. ges. Textilind. 1926, 670 und Oesterreicher, T. 1927, 53.

Abb. 43. Doppelte Dämpf- und Bürstmaschine mit 2 Bürstentrommeln, Linksseitenbürste und Warenrückführung unterhalb der Maschine.

Die Nachappretur der gerauhten Waren ist ganz ähnlich, nur entfällt das Appretbrechen und — bei beidseitig gerauhter Ware immer, bei einseitig gerauhter meist — das Kalandern und Einsprengen. Dafür wird immer nachgerauht (links oder beiderseits) und gebürstet (vgl. Bd. IV, 83). Einseitig gerauhte Ware wird nur links gebürstet, nachdem sie meist vorher zum Aufrichten der Härchen angedämpft wurde. Das Bürsten soll den Faserflor in eine Richtung legen. Dazu dient z. B. die Langbürstmaschine von E. Geßner mit 1 oder 2 Warenanstrichen (Abb. 43). Die Ware geht über einen Dämpftisch, wird an der großen Bürstenwalze verstrichen und durch ein Walzenpaar gepreßt.

Technische Bürsten werden z. B. von H. Blücher in Spremberg/L. hergestellt (T. 1931, 735).

Beiderseits gerauhte Ware wird auch beiderseits gebürstet, angedämpft und auf der Mulde gepreßt.

Auch die Nachappretur der Velvetons (S. 7) besteht zunächst im Nachrauhen (einmal links im Strich und einmal) rechts Filz.

Darauf wird geschoren (oder plattengesengt) rechts.

Nach dem Scheren wird die Rückseite mit Leim, Dextrin, Öl, Seife usw. appretiert und links auf dem Zylinder oder auf dem Spannrahmen getrocknet.

Nach dem Plattensengen wird gebürstet, und zwar 2—3mal längs, 1—2mal diagonal mit im rechten Winkel zueinander, im Winkel von 45° zur Laufrichtung der Ware liegenden Walzen auf der rechten Warenseite.

Seltener wird tellergebürstet, d. h. mit Stabbürsten, die auf wagerechten, sich drehenden Scheiben befestigt sind.

Darauf wird gewachst.

Das Wachsrad oder die Wachsmaschine von A. Monforts trägt zwischen zwei auf einer angetriebenen Welle befindlichen Scheiben Halter, parallel zur Achse zur Aufnahme von 16 gegossenen Wachsstäben. Das Rad dreht sich entgegengesetzt dem Lauf der Ware. Diese streicht zunächst an einer vorgebauten Heizplatte und darauf 2—6mal mit der Florseite an den Wachsstäben vorbei.

Die Wachs- und Bürstmaschine von A. Monforts in M.-Gladbach verbürstet sogleich das aufgetragene Wachs. Zum Auftragen dient eine heizbare geschliffene Walze, die das Wachs aus einem heizbaren Kupfertrog entnimmt und nach Abstreifen durch ein einstellbares Rakel an die mittels Anstellvorrichtung darüber hinstreichende Velvetonware abgibt. Verbürstet wird mit drei Bürstenwalzen entweder kräftig auf fester Unterlage zweier Leitwalzen oder schonend im Sack zwischen zwei Leitwalzen. Die beiden ersten Rundbürsten bewegen sich durch Exzenter hin und her und verbürsten das Wachs auch seitlich in den Flor. Die Warengeschwindigkeit beträgt 10 m in der Minute.

Darauf wird gefinisht oder finiert, d. h. geglänzt.

Die Zweiwalzenfinishmaschine von A. Monforts führt den Velveton zwischen zwei gußeisernen, mit nahtlosem Filztuch (Filzhosen) straff überzogenen, 20mal in der Sekunde entgegengesetzt der Laufrichtung der Ware sich drehenden Walzen und einem gußeisernen polierten, durch Hebeldruck heb- und senkbaren Tisch hindurch. Der Strich des eingeführten Velvetons liegt in der Richtung des Walzenumlaufs. Durch Druck und Reibung wird das Wachs eingeschmolzen und der Velveton dadurch glänzend. Am Ausgang der Maschine befindet sich eine schnell umlaufende Rundbürste.

Zum Schluß wird fertig geschoren und nötigenfalls gebürstet.

Die Nachappretur der gefärbten, aufgebürsteten und geschorenen Velvets und der gefärbten und aufgebürsteten Kords ist verschieden je nach ihrer Farbe.

Die blauen und schwarzen müssen zunächst mit Berlinerblau überstrichen werden. Dazu dient die Blaustreichmaschine von A. Monforts. Sie ähnelt der oben beschriebenen Wachs- und Bürstmaschine.

In den leicht herausnehmbaren Farbkasten ist eine hölzerne Tauchwalze eingebaut. Darüber lagert eine Auftragwalze mit Kupfermantel und Abstreichrakel und eine in Schiebelagern laufende, mittels Fußhebel sofort abhebbare Quetschwalze. Zwischen beiden wird der Samt mit dem Flor nach unten durchgeführt und streicht dann mittels je dreier Leitwalzen über 5 Rundbürsten hinweg, von denen die 4 ersten Exzenter, die 3 ersten Spiralborsten und die 2 letzten Vollbesatz haben.

Darauf wird 8 Tage verhängt und

mit der Querbürste aufgebürstet.

Von hier ab werden die blauen und schwarzen Samte wie die bunten weiterbehandelt.

Die Rückseite wird mit Leim, Öl usw. appretiert.

Darauf wird getrocknet auf der Spannmaschine — Kord auch mit der rechten Seite auf dem Zylinder.

Kord wird nun manchmal noch auf der Rückseite gerauht.

Darauf wird gewachst — Velvet 3—4mal, Kord 3—6mal.

Danach gefinisht. Velvet 6—8mal durcharbeiten, abwechselnd mit und gegen den Strich; Kord 3—4mal durcharbeiten.

Zum Schluß wird fertig geschoren und gebürstet. Dieses Bürsten dient nur zum Reinigen und geschieht mit zwei weichen Bürsten und einer dazwischenliegenden Absaugevorrichtung.

S. a. P. Beckers, Die Doppelsamt- und Plüschfabrikation, T. 1923, 67.

2. Wollene Gewebe.

α. Streichgarnstoffe.

Das Scheren, Aufbürsten, Pressen und Dekatieren ist Bd. III, 474 beschrieben.

Mit Feuchtdampf arbeitet die Universal-Naßdampf-Edel-Dekatiermaschine von E. Geßner (Abb. 44) und die Finish-Dekatier- und Konditioniermaschine von Kettling & Braun, Crimmitschau. Die Ware läuft mit einem Mitläufer aus Baumwollbiber auf eine gelochte Kupfertrommel von 80 cm Durchmesser auf. Darauf wird ein Umhüllungsmantel geschlossen und Dampf in das Innere der Trommel geleitet. Zum Schluß wird der Dampf durch kalte Luft verdrängt und die auf diese Weise abgekühlte Ware sowie der Mitläufer wieder abgezogen.

Es gibt außer der Trocken- und Naßdekatur noch eine dritte mildere Form, bei der die Ware ohne Spannung über einen Dämpfer hinweggezogen wird. Sie geht dann später beim Bügeln oder Tragen oder Naßwerden nicht mehr ein, sie ist nadelfertig, krimp- oder krump-(engl. shrink-)frei geworden.

Derartige Bügel- und Krumpfechtheit erzielt die Konditioniermaschine von E. Geßner in Aue nach D.R.P. 422428 und

Abb. 44. Universal-Naßdampf-Edeldekatiermaschine.

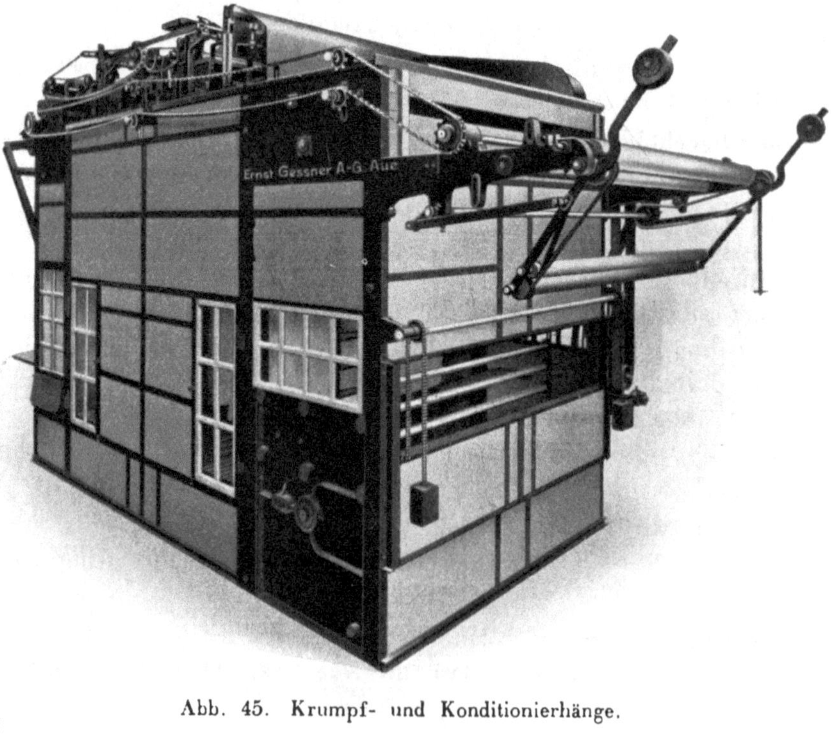

Abb. 45. Krumpf- und Konditionierhänge.

462891 (Abb. 45). Sie gibt der fertig ausgerüsteten Ware die in der Trockenappretur entzogene Feuchtigkeit zurück.

Die Ware wird mit einem befeuchteten und abgequetschten endlosen Mitläufer in Schleifen über eine endlose Stabkette gehängt und mit der Stabkette durch den Kon-

Abb. 46. Ratiniermaschine.

Abb. 47. Klopfmaschine.

ditionierraum gefahren. Eine Abwälzvorrichtung schaltet die Stäbe so fort, daß die beim Einhängen untersten Stellen der Schleife nach oben befördert werden. Die Feuchtigkeit kann daher nicht nach unten absacken; auch können sich keine Druckstellen bilden.

Der feuchte Mitläufer berührt die Ware nur an der linken Seite. Der Preßglanz der rechten Seite bleibt erhalten.

Am Ende läuft die Ware noch durch einen besonderen Raum zur Erholung und kann dann mit einer Feuchtigkeitszunahme von 10—15 % abgetafelt werden. Sie hat angenehmen vollen Griff erlangt.

S. a. F. Tennius, Die Appretur der Feintuche, T. 1925, 422. K. H., Die Billardtuche und ihre Ausrüstung. Wollen- u. L. 1928, 495; T. 1929. E. Sellenk, Die Appretur der Tennisstoffe, M. f. Textilind. 1929, 175. Die Appretur der Eskimos,

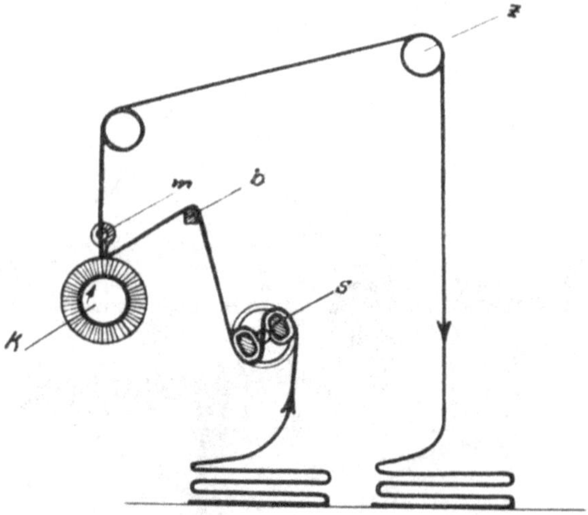

Abb. 48/49. Veloursbebemaschine.

M. f. Textilind. 1929, 318. Im Verlag von Löbner in Grünberg in Schlesien erschien 1925: Die Appretur. Praktische Erfahrungen der Tuch- und Buckskinfabrikation.

Eine besondere Ausrüstung erfahren dichte, dicke Wintermäntelstoffe, indem die durch das Rauhen hervorgezogenen Wollhärchen durch Reiben zwischen zwei mit Plüsch bezogenen Platten der Ratiniermaschine (Abb. 46, Geßner) zu Knötchen (eigentliches oder Perl-Ratiné) oder einfachen Mustern (Frisé) oder Flöckchen (Flockenstoff, Floconné) zusammengedreht und gelegt werden. Derartige Gewebe müssen eine kräftige Kette (Landwolle, auch Baumwolle) und außer dem Bindeschuß noch einen Ober- und einen Unterschuß haben (M. G. Rammer, Spinner und Weber 1931, Nr. 43, S. 6). Die Flockenbildung wird in der Weberei durch flottende Schüsse vorbereitet. Werden die Härchen zu zusammenhängenden Wellen verdichtet, so erhält man je nach dem Verlauf dieser Wellen Längs-, Quer- und Diagonalwellinés. In diesem Falle hat die den Flor bearbeitenden Ratinierplatte einen Gummibelag.

Zum Schluß werden die Ratinés geklopft, um die Haardecke aufzurichten.

Geklopft werden auch die Velours, deren Samtähnlichkeit wie bei den Velvetons (S. 7) nicht von dem Aufschneiden flottenden Schusses, sondern von dem Aufrauhen dieses Schusses und anschließendem Aufrichten der Härchen herrührt. Abb. 47 zeigt die Klopfmaschine von E. Geßner in Aue. Die Ware wird am Eingang eingesprengt, damit sie gleichmäßig feucht ist. Nach dem Klopfen wird auf dem Spannrahmen getrocknet.

Auf der Veloursheberaschine wird das Gewebe in spitzem Winkel über ein stumpfes Messer geführt. Eine gegenüberstehende Kratzenwalze richtet die Fasern auf. Bei der Veloursheberaschine von Geßner (Abb. 48/49) läuft die Ware über die verstellbaren Spannstäbe *s* und den feststehenden Breithalter *b*, über das stellbare Messer *m* an der Kratzenwalze *k* vorbei nach der Zugwalze *z*, zum Abtafeln. Die Geschwindigkeit beträgt nur 5 cm in der Sekunde.

Zum Schluß wird links gedämpft und geschoren.

β. Filze.

Die nach Bd. II, 213 hergestellten wollenen, zur Bekleidung dienenden Filze werden wie gewalkte Streichgarnstoffe ausgerüstet mit Ausnahme der Dekatur. Sie werden also geschoren, gebürstet und gepreßt. Dabei darf mit Rücksicht auf die geringere Festigkeit nicht allzu straff gespannt werden.

Die nach Bd. II, 215 aus Haarfilzen gewonnenen Filzplatten werden nur gefärbt und gepreßt.

Das Färben geschieht auf der Reibungsmaschine (Abb. 50). Über die auf dem gelochten Tisch *t* breitgelegte Ware *w* läuft der von einer Kurbel angetriebene Rollwagen *r* und walzt die darauf gegossene Farblösung ein. Die abtropfende Flüssigkeit fließt durch die Löcher in die darunter befindliche Schale ab und kann wieder aufgegossen werden. Die Platte wird nach einiger Zeit umgedreht und auf der anderen

Seite bearbeitet. Bei ununterbrochener Behandlung kann der Filz auf einem endlosen untergelegten Tuch, das zwischen Ware und Tisch und unter der Schale wieder zurückgeführt wird, bearbeitet werden. Gepreßt wird auf Plattenpressen (Abb. 60). Derartige Filzstücke werden z. B. zu Schuhsohlen verwendet.

Aus Woll- und Haarfilz werden weiter Schuhe und Hutstumpen gewalkt, deren Herstellung aber nicht mehr zur Ausrüstung zu rechnen ist.

γ. Kammgarnstoffe.

Nachdem die Kammgarnstoffe (Musseline, Kaschmirs, Greiz-Geraer Artikel) schwach gummiert sind, werden sie getrocknet entweder

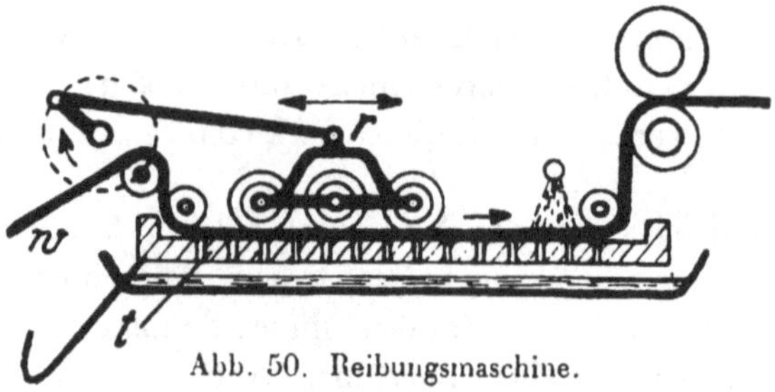

Abb. 50. Reibungsmaschine.

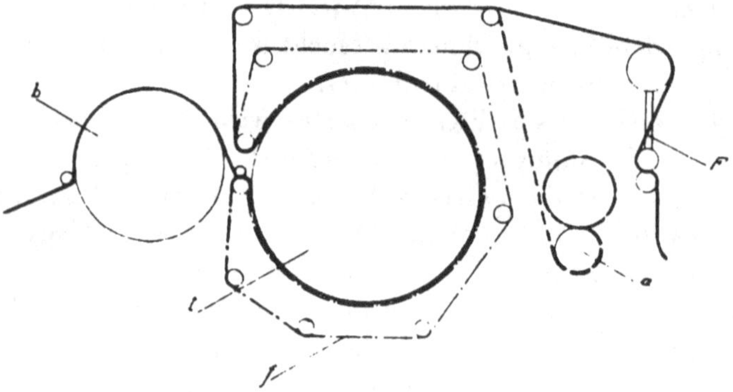

Abb. 51. Filzkalander.

auf dem Spannrahmen (Bd. III, 403) oder auf dem Filzkalander (Abb. 51).

Die Ware wird auf dem Breitstrecker *b* breitgezogen und läuft zwischen den Filzläufer *f* und die von ihm zum größten Teil überspannte stählerne Trockentrommel *t* ein, begleitet den Filz auf seinem Wege um die Trommel und wird zu dem Faltenleger *F* oder der Aufwickelvorrichtung *a* geführt. Doppelte kupferne Schöpfvorrichtungen entfernen das Kondenswasser selbsttätig aus dem Trockenmantel. Abb. 52 zeigt den Filzkalander von C. G. Haubold, Chemnitz.

Nach dem Filzkalandern wird getentert, d. h. durch eine Breitstreck- und Egalisiermaschine (Bd. IV, 150) mit Dämpftisch im Einlaßfelde.

Darauf wird mit hohlem Tisch geschoren, muldengepreßt und dekatiert (Bd. III, 474).

Musseline brauchen nicht dekatiert zu werden. Greiz-Geraer Artikel kommen nach dem Doppeln noch in die Spanpresse (Bd. III, 473) (Abb. 60).

Über die Ausrüstung der Cheviotstückwaren s. K. Wagner, T. 1929, 549.

Abb. 52. Filzkalander.

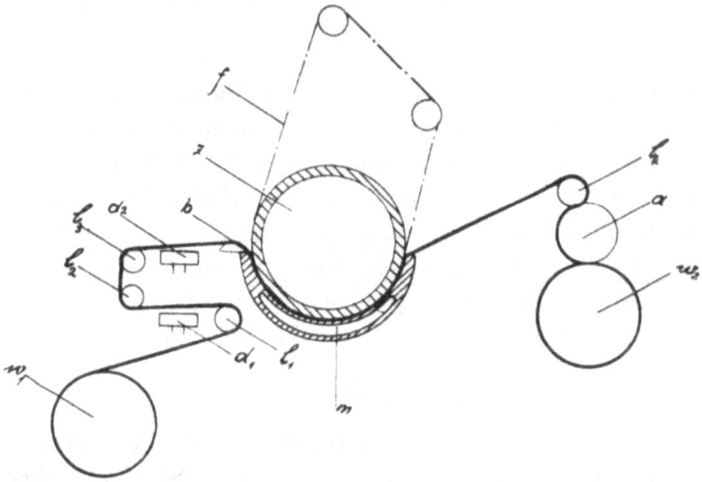

Abb. 53. Filzmuldenpresse.

3. Halbwollene Gewebe.

α. Halbwollene Anzugsstoffe aus Kammgarnkette und Baumwollschuß werden ähnlich wie Kammgarnstoff nachappretiert. Nach dem Appretieren und Trocknen auf dem Spannrahmen wird auf der Filzmuldenpresse ein matter Glanz erzeugt (S. 66), indem der Zylinder oder die Mulde oder beide mit einem endlosen Filz überspannt sind (Abb. 53).

Die Ware läuft bei der Filzmuldenpresse vom Warenbaum w_1 über die Leitwalze l_1, mit der rechten Seite über den Dämpfer d_1, mit der linken Seite über die Leitwalzen l_2, l_3 und den Dämpfer d_2 und über den Breithalter b in die Presse ein. Dabei liegt die rechte Seite an der Filzbahn f, die linke schleift über die glatte Mulde m. Die Mulde wird gegen den sich drehenden Zylinder z durch ein Kniehebelwerk mit veränderlichem Druck angepreßt. Die Ware läuft weiter über die verstellbare Leitwalze l_4 und den Lattenausbreiter a auf den mit Friktion angetriebenen Warenbaum w_2.

Darauf wird dekatiert auf der Maschine von Kettling & Braun oder der Universal-Trocken- und Feuchtdampf-Dekatieranlage von E. Geßner in Aue (Abb. 54). Der mit der Ware bewickelte, durchlochte Zylinder wird in einen liegenden Kessel eingefahren. Der Kessel wird verschlossen und Dampf ein- und durch die Ware von außen nach innen abgeleitet. Nach 5—10 Minuten wird durch Vakuumpumpe der Dampf aus der Ware von außen nach innen abgesaugt und kalte Luft nachströmen gelassen. Der Zylinder dreht sich dabei langsam um seine Achse (E. Wachtel, T. 1925, 656).

Nun wird tamburiert, d. h. eine dreifarbige Zierleiste eingenäht; dadurch soll vorgetäuscht werden, daß keine stückgefärbte Ware vorliegt. Zum Schluß wird gedoppelt und spangepreßt.

Das Dekatieren kann auch wegbleiben oder durch Tentern (Bd. IV, 150) ersetzt werden.

β. Tuchartige Stoffe aus Baumwollkette und (Shoddy- oder Mungo-) Streichgarnschuß werden ähnlich wie schwach gewalkte und gerauhte Streichgarnstoffe nachappretiert. Nach dem Appretieren mit etwa 1%iger Leimlösung und Trocknen auf dem Spannrahmen wird beidseitig im Strich gerauht, in der Länge gebürstet, durch die Filzmuldenpresse (Abb. 53) genommen und dekatiert.

Das Dekatieren kann auch wegbleiben oder durch Doppeln und Spanpressen ersetzt werden. S. a. Bd. III, 506.

4. Seidene und halbseidene Gewebe.

Da diese Gewebe die edelste Gespinstfaser enthalten, so können sie kaum noch durch Appretur verbessert werden. Sie sind daher meist vom Webstuhl kommend fertig und brauchen nur noch gemessen und gelegt zu werden. Nur, wenn auf besonderen Griff Wert gelegt wird, wird die Bd. III, 489 beschriebene Appretur angewendet. Hier sei noch nachgetragen, daß zu harter Appret häufig vor dem Kalandern gebrochen wird (S. 51). Auch wird durch Scheuern auf der Scheuermaschine ein besserer Schluß der Fäden erreicht. Den Beschluß macht die Spanpresse oder die Baumpresse, bei der das Gewebe zugleich mit einer Papierunterlage warm auf einen Baum aufgewickelt wird und 24 Stunden bis zum Erkalten darauf verbleibt (S. 69).

Abb. 54. Universal-Trocken- und Feuchtdampfdekatieranlage.

5. Leinen- und Jutegewebe

s. Bd. IV, 234 und 237.

6. Kunstseidene Gewebe.

Reine Viskose- und Kupferseiden werden ähnlich wie gute Baumwollwaren nachappretiert. Das Kalandern wird am besten vermieden, weil an einer weiteren Steigerung des Glanzes nichts gelegen ist und die Kunstseide, besonders im feuchten Zustande, leicht verquetscht und beschädigt wird.

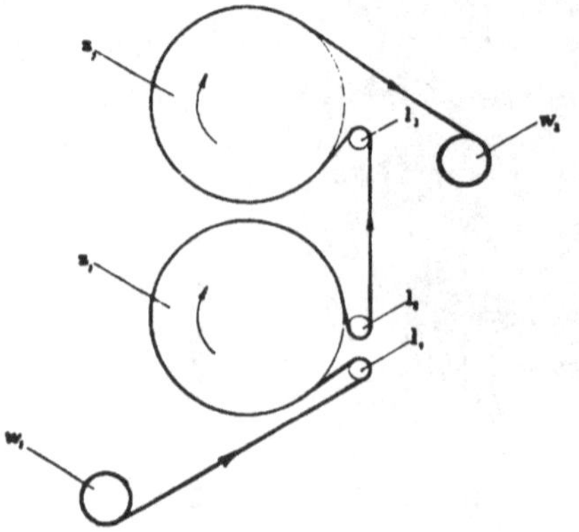

Abb. 55. Zylindriermaschine.

Man wird im allgemeinen damit auskommen, wenn die appretierten und auf dem Spannrahmen getrockneten Gewebe über die Streckmaschine und nach dem Andämpfen über die Filzmuldenpresse laufen.

Zum Entfernen der beim Färben und Trocknen entstandenen Knitter bügelt („finisht") man auf der Zylindriermaschine (Abb. 55) (H. Günther, T. 1929, 304).

Die Ware wird von dem Warenbaum w_1 über die Leitwalzen l_1, l_2 und l_3 und die Kupfer- oder Stahlzylinder z_1 und z_2 hinweggezogen und auf Warenbaum w_2 aufgewickelt. Die Zylinder werden mit Dampf geheizt und sind drehbar, aber ohne eigenen Antrieb. Sie können sogar gebremst werden, so daß die linke Warenseite über sie hinweggleitet und geglänzt wird. Auf der rechten Seite tritt bei Brokaten die Musterung kräftiger hervor.

Demselben Zweck dient die Kaloriermaschine (Abb. 56).

Die Ware läuft von dem Warenbaum w_1 zum Anfeuchten über die Dämpfvorrichtung d, dann vermittels der Leitwalzen l_1 und l_2 um den feststehenden, heizbaren Kalorierzylinder Z aus Stahl („Nirosta"), dann um das mit nahtlosem Filz bekleidete

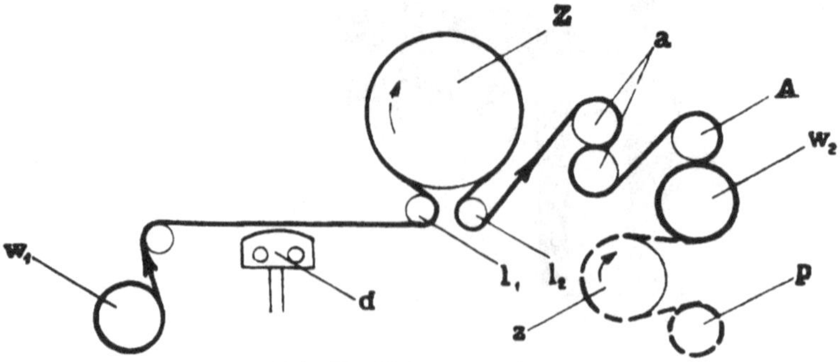

Abb. 56. Kaloriermaschine.

Abzugswalzenpaar a und wird um die schwingbare und durch ein Gegengewicht in der Schwebe gehaltene Ausbreitwalze A (Abb. 3, S. 5) auf dem durch Friktionskupplung angetriebenen auswechselbaren Warenbaum w_2 aus Holz aufgewickelt. Die Leitrolle l_2 läßt sich bei leichter, empfindlicher Ware nach oben schwingen, so daß nur die Hälfte des Kalorierzylinders bestrichen wird.

Die Einrollmaschine am Ausgang gestattet gleichzeitig eine Papierbahn mit einlaufen zu lassen. Das ist bei gemusterten Stoffen nötig, damit sich die Musterung nicht auf die linke Warenseite abdrückt.

Die Papierbahn läuft von der bremsbaren Papierwalze p ab, wird auf dem Zylinder z erwärmt und unter Spannung auf w_2 aufgewickelt. Dadurch wird die Ware leicht gepreßt (Baumpresse) (S. 66).

Eine dritte Art der Ausführung zeigt die Dämpf-, Kalorier- und Lüstriermaschine (T. 1929, 797) (Abb. 57), bei der der Kalorierzylinder eigenen Antrieb erhält, und zwar sowohl gegen als auch mit dem Warenlauf je nach Warengattung.

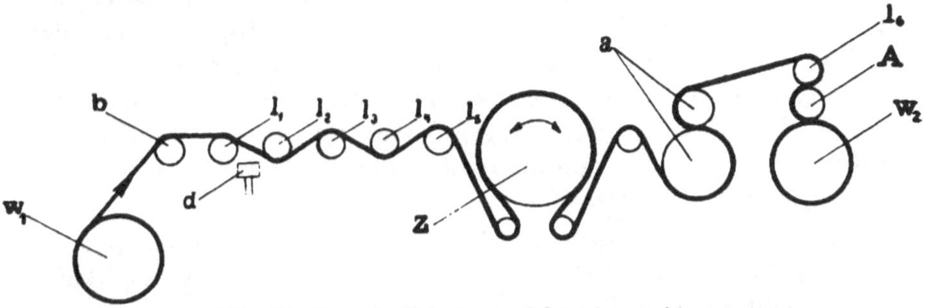

Abb. 57. Dämpf-, Kalorier- und Lüstriermaschine.

Die Ware läuft vom Warenbaum w_1 über ein kupfernes, heizbares Breithalterrohr b, über 5 glatte kupferne, geheizte Lüstrierrohre l_1—l_5 mit Dämpfer d zwischen l_1 und l_2, gleitet über den Stahlzylinder Z, weiter um das Abzugswalzenpaar a, ferner über die Leitwalze l_6 und wird über die Ausbreitwalze A (mit Latten wie oben) auf den Warenbaum w_2 aufgewickelt.

Manche kunstseidene Gewebe wie Wäschestoffe, Kleiderstoffe, Krepp, Futter- und Dekorationsstoffe erhalten vor der Nachappretur eine leichte chemische Appretur (Wollen- und L. 1930, 658).

Azetatseide erfordert ganz besondere Vorsicht, weil sie in der Hitze schmilzt.

7. Halbkunstseidene Gewebe.

Die Mischgewebe aus Kunstseide mit Baumwolle, Wolle oder Seide werden ebenso behandelt wie die Gewebe aus reineren Mischfasern. Auf die Kunstseide wird nur insofern Rücksicht genommen, als sie in feuchtem Zustande weniger fest ist. Azetatseide darf nicht zu hoch erhitzt werden.

c. Wirk- (Trikot-) Waren.

Auf dem Rundwirkstuhl (Bd. II, 68, Muster 1) hergestellte Schlauchware wird meist nur noch durch die Muldenpresse (Abb. 41) oder den Filzkalander (Abb. 52) genommen. Sie muß aber zu diesem Zwecke zunächst in breite Form übergeführt werden. Dies geschieht, indem man nach dem Färben, Schleudern und Trocknen (z. B. in der Hängetrockenmaschine von E. Geßner in Aue) über ganz glatte Bretter oder Stahlrahmen von zunehmender Breite stülpt und darüber hinweg in die Maschine einlaufen läßt. Noch besser arbeitet die Schlauchtrockenmaschine von Geßner (Bd. III, 497) und im Anschluß daran der Friktionsfilzkalander von Geßner (Bd. III, 499). Derartige Schlauchware dient meist für Unterwäsche.

Man kann auch auf der Spanpresse (Abb. 60) pressen. Auf die Brandpappe des Einspäntisches kommt ein Preßspan, darauf der Anfang des Warenstückes, darauf ein Preßspan, über diesen wird die Ware gezogen, wieder ein Preßspan usw. Dieser Warenstoß („Lage") wird auf die unterste Heizplatte gelegt und mit einer Brandpappe abgedeckt. Auf den Stoß wird die zweite Heizplatte herabgelassen, darauf der zweite Stoß gelegt usw.

Baumwollwaren werden abends in die Presse gesetzt und bleiben die Nacht über unter starkem Druck. Wollwaren brauchen nur kurze Zeit gepreßt zu werden.

Das gepreßte Stück wird geschnitten, genäht und (ohne Knöpfe) abermals gepreßt.

Hemden z. B. werden so gepreßt, daß das erste Hemd mit ausgestreckten Ärmeln auf den untersten Span gelegt wird, darauf der zweite Span, um den die Ärmel des ersten Hemdes herumgeschlagen werden. Das zweite Hemd wird an diese Ärmel angelegt, darauf der dritte Span, um den die Ärmel des zweiten Hemdes geschlagen werden usw. 1 Satz, 10—12 cm hoch, faßt etwa 3 Dutzend Hemden.

Auf dem flachen Kettenstuhl (Bd. II, 72) hergestellter Atlas (Muster 4) oder Milanese (Muster 5) werden nach dem Färben (Bd. III, 371) getrocknet, linksseitig gerakelt (S. 43), auf dem Zylinder getrocknet, nach dem Abkühlen mit Wasser eingesprengt und über Nacht liegen gelassen. Dann läuft sie durch einen 5—6walzigen Roll- und Chasing-Kalander (S. 55, Abb. 39) (Z. ges. Textilind. 1931, 664). Schwarze Milanese wird vollappretiert, getrocknet, rechts gerakelt, getrocknet, eingesprengt usw.

Nach dem Kalandern wird für Wildlederimitation noch geschliffen.

Die — (mit weniger Walzen) auch zur Entfernung von Schalen in der Vorappretur von Schlauchwaren dienende — Schleifmaschine EK2 von E. Geßner (Abb. 58) hat 5 in Ringschmierlagern laufende, genau ausgerichtete Schleifwalzen, die mit Leim bestrichen und mit Hilfe eines Handsiebes mit Schmirgel bestreut wurden. Die Ware läuft unter eisernen Führungsleisten über die Walzen ganz eben hinweg, und zwar mit ihrer linken Seite. Die Walzen drehen sich mit großer Geschwindigkeit. Von Zeit zu Zeit muß der Schmirgelüberzug erneuert werden.

Geschliffen wird auch die sogenannte Laugware (S. 83), und zwar zweimal, in der Vor- und Nachappretur.

Abb. 58. Schleifmaschine EK. 2.

Hierhin gehört auch die Klebware; man läßt 2 Atlasstücke auf dem Kalander zusammenlaufen, von denen das untere vorher mit einer Klebmasse, z. B. Tragantpulver, bestreut wurde. Man erreicht dadurch annähernd die gleiche Wirkung wie bei gewirkter Doppelware. Man kann auch mit Guttaperchafolie zusammenkleben (vgl. S. 126).

Aus derartiger Atlasware werden Handschuhe geschnitten. Sie unterscheiden sich von der sogenannten „regulären" Ware, die unmittelbar auf dem Kulier- oder Strickstuhl geformt wird.

d. Strümpfe.

Die auf dem Kulierstuhl (Bd. II, 67) gewirkten und nötigenfalls auf der Maschine von E. Geßner (Bd. III, 292, Abb. 34) gesengten Strümpfe müssen nach dem Färben noch geformt werden, damit sie gut verpackt, versandt und verkauft werden können. Dies geschieht dadurch, daß man die naßgemachten Strümpfe über eine passende Form gespannt trocknet. Nach dem Trocknen behalten sie die so erteilte Form auch nach dem Abziehen von den Formen bei.

Früher zog man die angefeuchteten und geschleuderten Strümpfe über hölzerne Formen, die nacheinander in einen mit Kohlenfeuer oder Gas erhitzten Ofen wagrecht eingelegt wurden. Durch eine sinnreiche Vorrichtung von G. Wielands Nachf. in Chemnitz wurde nur der obere Holzrand der Form festgeklemmt. Der Strumpf selber kam mit dem Ofen nicht in Berührung. Eine weitere sinnreiche Vorrichtung der Chemnitzer Färbereischule bewirkte die gleichmäßige Verteilung der Wärme. Dadurch wurde besonders bei Gasheizung das Ansengen einzelner Strümpfe vermieden. Die Former scheuen leider nicht vor der Anwendung der höchsten zulässigen Temperaturen zurück, weil sie dann den krachendsten Griff auf den Strümpfen erzielen. Die Temperatur sollte aber bei Baumwolle 120, bei Wolle 100, bei Kunstseide 80° nicht übersteigen. D. R. P. 310 878 und 312 992. S. a. E. Wolff, T. 1926, 139.

Dieses ältere Verfahren, bei dem die Strümpfe über die kalten Formen gezogen und dann erst im Ofen erwärmt wurden, hatte den großen Vorteil, daß der Feuchtigkeit Zeit gelassen wurde, allmählich zu entweichen. Die Faser wird nicht durch gewaltsam entweichenden Wasserdampf aufgetrieben und zersprengt, wie dies Ristenpart für Baumwolle (M. f. Textilind. 1927, 389) und für Kunstseide (Seide 1927, 260) gezeigt hat. Diese Gefahr ist bei den neueren Verfahren, bei denen die Strümpfe über bereits heiße Formen gezogen werden, nicht ausgeschaltet und kann nur durch eine sorgfältige Überwachung der Temperatur gebannt werden.

Heute geht man mehr und mehr dazu über, die Strumpfformen aus Metall entweder elektrisch oder mit Dampf von innen zu heizen. Dabei wird an Platz und Arbeitslohn gespart.

Bei der elektrischen Heizung (F. Kate, Z. ges. Textilind. 1931, 241) stehen auf einem Tisch z. B. 8 Aluminiumformen mit Wechselschaltung für dreierlei Temperaturen.

Die Arbeiterin stellt 5 Minuten den stärksten Strom an und überzieht darauf die Formen von links nach rechts. Wenn sie den achten überzogen hat, ist der erste bereits trocken. Dieser kann nun abgezogen und durch einen neuen ersetzt werden u. s. f. Eine Arbeiterin kann so täglich 50 Paar Strümpfe formen. Der Stromverbrauch beträgt für die in einer Stunde auf einer Form fertiggestellten Strümpfe 300 Watt (für Herrensocken weniger).

Bei der Heizung mit Dampf ist die Arbeitsweise ähnlich, nur ist vorher das Kondenswasser aus der Rohrleitung abzulassen.

Derartige Apparate werden von der Maschinenfabrik Hermann Johannes Schwabe in Chemnitz gebaut.

Dieselbe Firma baut auch einen Anfeuchtapparat (D.R.P. 427 976/7), der das zum Teil ungleichmäßige, zum Teil zu schwache oder zu starke Befeuchten durch Einsprengen mittels Bürste oder

Gießkanne oder durch Einweichen in Wasser und Ausschleudern dadurch vermeidet, daß die Strümpfe etwa 12 Stunden in einen Kastenschrank gelegt werden, dessen Raum durch an den Wänden rieselndes Wasser auf 90 % Feuchtigkeitsgehalt gebracht wird. Hier saugen sich die Strümpfe ganz von selbst mit der erforderlichen Feuchtigkeit voll. Da jeder Überschuß fehlt, so wird beim nachherigen Erhitzen viel Heizstrom oder Dampf gespart.

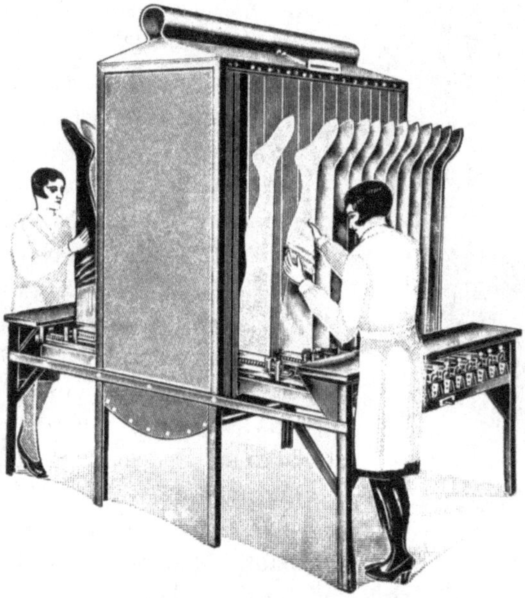

Abb. 59. Strumpfappreturapparat.

Dieselbe Firma ist dann auch mit ihrem neuesten **Strumpfappretur-Apparat mit Aluminiumvollformen**, D. R. P. (Abb. 59) dazu übergegangen, gleichmäßige Trocknung des gleichmäßig befeuchteten Strumpfes zu bewirken.

Hier werden die Strumpfformen selber nicht mehr von innen beheizt; sie brauchen nicht mehr hohl zu sein, sondern können aus Aluminiumblech hergestellt werden. Das ist um die Hälfte billiger als das Gießen der Hohlformen. Die Arbeiterin zieht den Strumpf über die Form. Die Form ist in einem Schlitten durch ein Schraubengewinde festgeklemmt und kann nach Bedarf leicht ausgewechselt werden. Der Schlitten läuft auf Kugellager und läßt sich leicht in die Trockenkammer schieben. Dabei öffnen und schließen sich die Türen von selber. Darauf zieht die Arbeiterin die zweite Form aus der Trockenkammer, bezieht sie und schiebt sie wieder zurück usw. bis alle 12 Formen mit Strümpfen bezogen sind. Inzwischen ist der erste Strumpf trocken geworden. Die Form wird herausgezogen und wieder mit einem feuchten Strumpf bezogen usw. An den Türen der Trockenkammer ist durch die Buchstaben „R“ und „L“ rechts und links bezeichnet, damit die Arbeiterin weiß, wie sie die Naht der aufgezogenen Strümpfe zu legen hat, damit sie auf dem vor ihr befindlichen Auflegetisch immer 2 Strümpfe richtig mit der Naht nach innen zu einem Paar zusammenlegen kann. Der Apparat mit 24 Formen und 2 Arbeiterinnen leistet stündlich etwa 12 Dutzend Damenstrümpfe und etwa 19 Dutzend Herrensocken. Er verbraucht stündlich nur 1—2 cbm Gas oder 29 kg Dampf oder 5 Kilowatt Strom oder 3 kg Kohlen.

Die Strumpfformerei am laufenden Bande, indem die Formen in Ellipsenform bewegt werden und dabei an der Stelle 1 mit den trockenen Strümpfen überzogen, an Stelle 2 in einer Kammer mit Wasser besprüht, an einer Stelle 3 zwischen einem geheizten Plattenpaar getrocknet und wieder nach Stelle 1 zurückbefördert werden zur Abnahme der Strümpfe, scheint sich nicht bewährt zu haben, wohl hauptsächlich deshalb, weil der trocken aufgezogene Strumpf nicht genügend an der Form haftet und zu leicht verrutscht.

Abb. 60. Spanpresse.

Nach dem Formen werden gewisse Strümpfe noch gepreßt. Florstrümpfe, d. h. aus gesengtem merzerisiertem Garn gewirkte Strümpfe werden 10—15 Minuten einem Druck von 200—300 Atm. ausgesetzt. Makostrümpfe werden ebenfalls unter hohem Druck, aber bei höherer Temperatur und 3—4 Stunden lang gepreßt. Wollene Strümpfe werden mit geringem Druck bei hoher Temperatur kurz gepreßt.

Derartige Pressen werden von F. B. Rucks Sohn in Glauchau gebaut. Man unterscheidet Spindelpressen für Handbetrieb und hydraulische Pressen für Antrieb durch eine Preßpumpe; ferner Heizung der Preßplatten mit Dampf oder mit Elektrizität.

Die Strümpfe werden einfach oder paarweise auf einen Preßspan auf einem Tisch ausgebreitet. Darauf wird ein zweiter Preßspan gelegt, darauf wieder eine Schicht Strümpfe usw., bis zu einer Höhe von 10—12 cm und 10—12 Dutzend Strümpfe. Das Ganze wird auf die Brandpappe auf der untersten Heizplatte gelegt, ein zweiter Satz auf die zweite Heizplatte usw., bis die Presse voll ist. Nun werden die Preßplatten erwärmt und bei hydraulischen Pressen der Tisch hochgepumpt, bei Spindelpressen die oberste Platte gesenkt, bis der gewünschte Druck erzielt ist.

Die Pressen werden mit 6, 12 und 21 Heizplatten ausgeführt. Die hydraulische Presse mit 6 Dampfplatten (Abb. 60), 78 × 100 cm, leistet bei einmaligem Einsetzen etwa 50 Dutzend Strümpfe und kann täglich je nach der Ware bis viermal beschickt werden.

B. Besondere Ausrüstung.

a. Merzerisation der Baumwolle.

Unter Merzerisation versteht man die Veredlung der Baumwolle durch Behandeln mit starker Natronlauge, wobei eine physikalische und chemische Veränderung der Faser erfolgt.

I. GESCHICHTLICHES.

John Mercer beobachtete im Jahre 1844, daß beim Filtern starker Natronlauge durch Baumwollstoff dieser sich zusammenzog, lederartig, dichter, fester und aufnahmefähiger für Farbstoffe wurde. E. P. 13 296 [1850]. Bereits vorher hatte der Nürnberger Professor Leykauf am 28. Januar 1847 in Nr. 4 von Leuchs Polytechnischer Zeitung das Verfahren veröffentlicht, dabei aber im wesentlichen nur die vergrößerte Farbstoffaufnahmefähigkeit betont. Die Industrie lehnte die Mercersche Erfindung ab, einerseits mit Rücksicht auf die damaligen hohen Kosten der Natronlauge, andererseits im Hinblick auf die gar nicht gewünschte Schrumpfung des Gewebes.

Im Jahre 1883 ließ sich die Firma Garnier & Depoully, Lyon, das Merzerisieren abermals patentieren (E. P. 28 696), kam aber im weiteren Verlauf dazu, das Schwergewicht auf die Erzeugung von Kreppeffekten zu legen; sie druckte Natronlauge auf Baumwollgewebe oder behandelte Halbseide oder durch Reserven geschützte Baumwollgewebe mit Natronlauge (E. P. 8642, D. R. P. 30 966 [1884]).

Im Jahre 1894 bot ihre Geschäftsnachfolgerin, die Firma C. Garnier & Voland, dieses Patent der Krefelder Firma Thomas & Prévost zur Ausnutzung an. Gewebe, zur Hauptsache aus Seide bestehend und in weiteren Abständen mit Baumwolle durchwebt, sollten der Einwirkung von kalter starker Natronlauge unterworfen werden. Die Baumwolle wurde dadurch verkürzt und die Seide kreppartig. Der geforderte Preis von 10 000 M. erschien der deutschen Firma zu hoch. Sie lehnte ab, stellte aber eigene Versuche an und wurde dabei auf die durch die Natronlaugebehandlung gesteigerte Farbstoffaufnahmefähigkeit der Baumwolle aufmerksam. Unerwünscht war das Einschrumpfen der Ware, wodurch der Anschein erweckt wurde, als sei eine gröbere Baumwolle eingeschossen worden. Diesem Übelstand zu begegnen, wurde das halbseidene Gewebe in einen Rahmen eingespannt. Dabei erhielt die baumwollene Rückseite Glanz, ähnlich wie Schappe. Auf Grund dieser Beobachtung erstreckten Thomas & Prévost ihre Versuche auf Baumwolle selbst und veranlaßten die Firma Gebr. Wansleben zum Bau einer Streckmaschine für Baumwollgarn. Sie legten ihre Erfindung in dem E. P. 18040 und dem D. R. P. 85564 vom 24. März 1895 nieder, die allerdings noch ganz von dem Gedanken der Erzielung der Zweifarbigkeit beherrscht wurden; die Spannung erfolgte nur, um das lästige Einschrumpfen zu verhüten. Das Patent wurde in England unter Bezugnahme auf das von H. A. Lowe am 15. März 1890 entnommene E. P. 4452 nahezu gleichlautenden Inhalts vernichtet. In Deutschland wurde das Lowesche Patent ebenfalls entgegengehalten; infolgedessen brachten Thomas & Prévost in ihrem Zus. P. E. P. 20714 [1896] und D. R. P. 97664 vom 4. November 1895 die Erzeugung von Seidenglanz auf der mit Natronlauge in gestrecktem Zustand behandelten Baumwolle zum Ausdruck. Die Patente wurden aber auch in Deutschland 1902 vernichtet.

Um das Thomas & Prévostsche Patent zu umgehen, ersetzte man seinerzeit die Natronlauge durch Mittel, die die Zellulose schließlich in Hydrozellulose verwandeln. Wird der Vorgang rechtzeitig unterbrochen, so kann die sich auf halbem Wege bildende gequollene oder Hydrat-Zellulose erhalten werden. Solche Mittel sind starke Säuren und starke Salzlösungen wie Zinkchlorid-, Kaliumjodid- und Bariumquecksilberjodid-($BaJ_2 \cdot HgJ_2$-)Lösungen (J. Hübner und W. J. Pope, Journ. Chem. Soc. London 1904, Nr. 8; Z. Farbenind. 1903, 315; Z. angew. Chem. 1904, 777; ferner J. Hübner und F. Teltscher, Chem. Zentralbl. 1909, II, 1284). Hierher gehört z. B. das D. R. P. 109607 von F. W. Scheulen in Barmen, wonach mit Salpetersäure 42—44° Bé unter geringer Streckung merzerisiert werden soll.

Auch setzte man Mittel der Lauge zu, die das Schrumpfen verhindern und die Merzerisation ohne Streckung ermöglichen sollten. Solche Zusätze waren:

Ammonrhodanid (F. P. 264546);

Alkohol (F. P. 269380);

Glyzerin (E. P. 27050; D. A. 10126 (1897) von Bayer;

Natriumchlorid (D. A. 7215 (1907); Vieweg B. 1908, 3269). von Hübner (Journ. Chem. Soc. London 1909, 228) als zwecklos nachgewiesen;

Natriumsilikat (E. P. 10784; D. R. P. 98601 von M. L. B. (1898).

Als das Thomas & Prévostsche Patent gefallen war, hat man nur noch unwesentliche Änderungen des Verfahrens vorgeschlagen, die heute meist nur noch geschichtlichen Wert haben. Hierhin gehören die

D. R. P. 103041 von M. L. B.: Glanzerzeugung durch Aufdruck verdickter Natronlauge oder durch Aufdruck einer Reserve und nachträgliches Behandeln mit Natronlauge in gespanntem Zustande.

D. R. P. 107916: Einseitiges Pflatschen von Geweben mit Natronlauge zur Erzielung tieferer Färbungen, besonders mit Indigo, woran sich schließen die:

D. R. P. 131134 und 131228: Einseitiges Pflatschen von Geweben mit gekühlter Natronlauge.

D. R. P. 109937: Dämpfen der gelaugten Ware.

D. R. P. 110184: Behandeln der Baumwolle mit 20—50 %igem Türkischrotöl vor dem Laugen, um das Schrumpfen zu verhindern. Daran schließt sich die

D. A. 5109 und das F. P. (!) 263912: Starkes Seifen vor dem Merzerisieren.

D. R. P. 110 633 der BASF: Merzerisieren von Halbseide mit Natronlauge unter Zusatz von Traubenzucker oder Glyzerin.

D. R. P. 112 773 von J. P. Bemberg in Barmen: Merzerisieren durch Behandeln der Baumwolle mit Natronlauge von nur 10—12° Bé, Spannen und Abkühlen auf unter 0°.

D. R. P. 113 928: Merzerisieren ohne starkes Strecken, Spülen und Dämpfen unter Druck.

D. R. P. 113 929: Trocknen der merzerisierten Garne in gestrecktem Zustande.

D. R. P. 120 576: Trocknen der Baumwolle zwischen dem Laugen und Spannen.

D. R. P. 120 344: Tränken der Baumwolle mit Lauge oder Säure in ungespanntem Zustande, Spannen und Neutralisieren mit Hilfe von Gasen in gespanntem Zustande. Hier schließt sich an das

F. P. 270 437: Neutralisieren der gelaugten Baumwolle mit Kohlensäure.

D. R. P. 128 284, von F. A. Bernhardt in Zittau: Merzerisieren von Geweben durch Behandlung mit Natronlauge unter rollendem Druck. Hier schließt sich an das

D. R. P. 177 166, von W. Mather, J. Hübner und W. J. Pope in Manchester: Merzerisieren feiner Gespinste wie Spitzen zwischen zwei für die Lauge durchlässigen Mitläufern und das

E. P. 11 313 (1897), von M. L. B.: Das unter Zusatz von Britishgum oder Wasserglas gelaugte Gewebe geht unter starkem Druck zwischen zwei Walzen hindurch.

D. R. P. 138 222: Merzerisieren von Baumwolle nach vorherigem Kämmen und Gasen.

E. P. (!) 19 633 (1896): Verwendung von Mako und Sea Island zum Merzerisieren.

F. P. 269 138: 12—24stündige Liegenlassen der gelaugten Baumwolle.

F. P. 270 670: Merzerisieren unter Vakuum.

D. A. 12 196 (1896): Merzerisieren mit Natriumsulfid statt Natronlauge.

D. A. 21 427; E. P. (!) 27 529: Zusatz von Stärke oder Leim zur Lauge, um außer dem Glanz auch Steifheit zu erzielen.

D. A. 6850 (1899), A. P. (!) 657 849: Umwandlung des merzerisierten und gespülten Garnes mit Schwefelkohlenstoff in Zellulosexanthogenat und Zersetzung mit Ammonchlorid.

D. A. 25 102 (1906): Nachspannen der trockenen merzerisierten Garne unter gleichzeitigem Dämpfen.

II. ALLGEMEINES.

(s. Bd. II, 15).

Mercer und später Croß und Bevan (Researches on Cellulose 1895), ferner Thiele (Ch. Ztg. 1901, 610) nehmen an, daß sich bei der Einwirkung konzentrierter Natronlauge auf Zellulose die Verbindung $(C_6H_{10}O_5)_2 \cdot 2\,NaOH$, sogenannte Natronzellulose, bildet. Diese zerlegt sich beim Waschen mit Wasser, indem sich eine „Kolloidwasser" enthaltende Zellulose bildet; dieser gab man früher den Namen „Zellulosehydrat", Schwalbe hat sie aber richtiger als „gequollene Zellulose" bezeichnet, um Verwechslungen mit der („molekular" aufgenommenes Wasser enthaltenden) „Hydrozellulose" zu vermeiden.

Durch Waschen mit Alkohol an Stelle von Wasser kann man die hydrolytische Spaltung der Natronzellulose auf halbem Weg zum Stillstand bringen, wodurch die Verbindung $(C_6H_{10}O_5)_2 \cdot NaOH$ entsteht; diese hat Gladstone zuerst erhalten und irrtümlich als Formel der Natronzellulose angenommen (Journ. chem Soc. London 5, 1853).

Vieweg hat dann nachgewiesen, daß die Natronlauge von der Zellulose in einem gewissen Verhältnis zur Laugenstärke aufgenommen wird (B. 1907, 3877):

Laugenstärke (g NaOH in 100 ccm)	0,4	4	8	12	16	20	24	28	33	35	40
Von 100 g Zellulose aufgenommene g NaOH	0,4	2,7	4,4	8,4	**12,6**	13	13	15,4	20,4	**22,6**	22,5

Der erste Halt bei 12,6 % NaOH entspricht der Formel $(C_6H_{10}O_5)_2 \cdot NaOH$, der zweite bei 22,6 % der Formel $(C_6H_{10}O_5)_2 \cdot 2NaOH$.

Diese Abhängigkeit des Merzerisationsgrades von der Laugenstärke wird ungezwungen durch die Annahme einer gegen Wasser unbeständigen, weil hydrolytisch spaltbaren Natronzellulose erklärt.

Ebenso wird auch die Abhängigkeit von der Temperatur verständlich. Die Natronzellulose wird um so leichter gebildet und ist um so beständiger, je niedriger die Temperatur ist.

Weiter erklärt sich, daß das korkzieherartig gewundene, abgeplattete Band, als welches die rohe Baumwollfaser unter dem Mikroskop erscheint, sich zusammenzieht, aufdreht und zum Zylinder rundet (Bd. II, Abb. 5 und 11). Die Natronzellulose ist eine gallertige, durchscheinende, leicht formbare Masse. Sie unterliegt dem Druck der umgebenden Natronlauge. Indem sie diesem Druck auszuweichen sucht, nimmt sie die Gestalt an, die bei kleinster Oberfläche den größten Inhalt bietet.

P. Gardner (Die Merzerisation der Baumwolle, 2. Auflage, Berlin 1912, S. 88) hat die folgenden Schrumpfungen — ausgedrückt in Prozent der ursprünglichen Länge — in Abhängigkeit von Konzentration und Temperatur der Lauge bei 1, 10 und 30 Minuten Einwirkungsdauer gefunden:

	5° Bé			10° Bé			15° Bé			25° Bé			30° Bé			35° Bé		
	1	10	30	1	10	30	1	10	30	1	10	30	1	10	30	1	10	30
	Minuten			Minuten			Minuten			Minuten			Minuten			Minuten		
2° C	0	0	0	1	1	1	12,2	15.2	15,8	19.2	19,8	21,5	22.7	22,7	22,7	24,2	24.5	24.7
18° C	0	0	0	0	0	0	8	8,8	11,8	19.8	20.1	21	21.2	22	22,3	23,5	23.8	24,7
30° C	0	0	0	0	0	0	4,6	4.6	6	19	19.5	19	18.5	19.5	19.8	20.7	21	21,1
80° C	0	0	0	0	0	0	3,5	3.5	9,8	13.4	13,7	14.2	15	15.1	15.5	15	15,2	15,4

Die Übersicht lehrt:

1. Natronlauge bis zu 10° Bé bewirkt keine wesentliche Schrumpfung.

2. Die günstigste Konzentration liegt bei 35° Bé. Noch höher zu gehen, etwa bis 40° Bé, empfiehlt sich nicht, da dann die dickliche Lauge nicht mehr gut den Faden durchdringt.

3. Die günstigste Temperatur liegt bei 2° C; bei Laugen üblicher Stärke läßt sich aber auch noch bei 18° C gut merzerisieren. Höhere Temperaturen sollten aber vermieden werden.

4. Die Dauer der Einwirkung ist ohne wesentlichen Einfluß.

Die Schrumpfungskraft der Baumwolle in starker Natronlauge ist ganz beträchtlich; so fand Lindemann, Diss. Dresden 1909, für einen Faden 30er Mako 2fach etwa 21 g. Die 5—6fache Kraft war erforderlich, um das eingeschrumpfte Garn wieder auf die ursprüngliche Länge auszuziehen. Es empfiehlt sich daher, mit der Baumwolle in gestrecktem Zustand in die Lauge einzugehen und nicht nachher erst zu strecken, was leicht zu Fadenbrüchen führen könnte.

Die Schrumpfung der Faser bewirkt einen dichteren Zusammenschluß der Masse; die Festigkeit der merzerisierten Baumwolle wird in nicht gestrecktem Zustand auf über 50, in gestrecktem Zustand auf über 30 % erhöht.

Die Schrumpfung bewirkt andererseits, daß die Faser in nicht gestrecktem Zustand glanzloser ist als die natürliche Baumwolle. Die Kutikala hat nicht die gleichen Eigenschaften wie das Faserinnere; sie wird zusammengestaucht und bekommt Querfalten und Runzeln. Wird aber in gestrecktem Zustand merzerisiert, so wird die Kutikula geglättet und es entsteht der wertvolle Seidenglanz.

Minajeff (Z. Farbenind. 1907, 233) nimmt an, daß die Kutikula beim Merzerisieren erhalten bleibt, Haller (Z. angew. Ch. 1908, 267) dagegen fand bei der Behandlung merzerisierter Baumwolle die Kutikula nicht mehr vor. Wir dürfen daraus schließen, daß es von der Behandlung der Baumwolle vor, bei oder nach der Merzerisierung abhängt, ob die Kutikula erhalten bleibt oder nicht.

III. EIGENSCHAFTEN.

Die merzerisierte Baumwolle besitzt alle Eigentümlichkeiten der gequollenen Zellulose.

Auf Grund der mikroskopischen Untersuchung einer einzigen Faser kann man kein Urteil darüber fällen, ob merzerisierte Baumwolle vorliegt oder nicht. Ein merzerisiertes Baumwollgarn kann und muß sogar immer noch eine ganze Anzahl von Fasern enthalten, die sich infolge gewisser unvermeidlicher Unvollkommenheiten des Merzerisierungsvorgangs der Einwirkung der Lauge entzogen haben und daher noch alle äußeren Kennzeichen der nichtmerzerisierten Baumwolle, also vor allem die korkzieherartigen Windungen aufweisen. Ebenso gut kann andererseits nichtmerzerisierte Baumwolle sogenannte unreife Fasern enthalten, die einen glatten, geraden Verlauf zeigen und daher fälschlich als merzerisiert angesprochen werden könnten. Schöne Mikrophotographien merzerisierter Baumwolle stammen von H. Lange (Färb. Ztg. 1898, 197) und W. Massot (M. f. Textilind. 1903, 375). S. a. Abb. 11, Teil II, S. 19.

Als Eigentümlichkeiten der gequollenen Zellulose und mithin auch der merzerisierten Baumwolle sind anzusprechen:

1. Der größere Feuchtigkeitsgehalt (Schwalbe. Z. angew. Ch. 1907, 2166; 1909, 197; B. 1907, 4523; Färb. Ztg. 1908, 189, 277): über die Bestimmung der Feuchtigkeit s. Schwalbe. Z. angew. Ch. 1908, 400, 1321.

2. Die Zunahme an Festigkeit s. S. 79.

3. Die Beständigkeit der blauen Jodverbindung gegen Waschen. Sie liefert das untrüglichste Kennzeichen der Merzerisierung und versagt nur bei Gegenwart von Oxyzellulose (M. f. Textilind. 1928, 262).

Nach H. Lange (Ch. Ztg. 1903, 735; Färb. Ztg. 1903, 369) werden 30 Teile Zinkchlorid und 5 Teile Kaliumjodid in 14 Teilen Wasser gelöst, 1 Teil gepulvertes Jod zugesetzt, umgeschüttelt und einen Tag stehen gelassen. Man lege den gut genetzten Prüfling 3 Minuten ein und hänge ihn dann in ein Glas mit Wasser. (Gefärbte Muster kann man vorher mit Chlorkalk oder Hydrosulfit bleichen.) Je stärker merzerisiert war, um so länger muß man waschen, um die Jodverbindung zu entfärben (s. auch Hübner, Färb. Ztg. 1908, 113; Ch. Ztg. 1908, 220).

4. Das gesteigerte Anfärbevermögen (E. Knecht, Ch. Ztg. Rep. 1908, 272, 314; Färb. Ztg. 1908, 276).

Daß der Quellungsgrad und mit ihm das Anfärbevermögen mit zunehmender Trocknung abnimmt, muß jeder Färber merzerisierter Baumwolle wissen. Sonst kann er von unliebsamen Ungleichmäßigkeiten der gefärbten Ware überrascht werden. Er muß daher entweder die merzerisierte Baumwolle im frischen, noch gleichmäßig feuchten Zustande färben oder er muß sie durchgehend gleichmäßig vorher trocknen.

Knecht (Z. angew. Ch. 1909, 243) fand, daß Benzopurpurin 4 B aufgenommen wurde von

nicht merzerisierter, nur genetzter Baumwolle zu %	1,77
merzerisierter, gebleichter, bei 100° getrockneter Baumwolle	2,51
„ „ , an der Luft „ „	3,03
„ „ , noch feuchter „	3,24

5. Der Verlust der Kristallstruktur, nachgewiesen durch Röntgenspektrographie, Bd. II, 12, Abb. 8—10.

6. Die gesteigerte Aufnahmefähigkeit für Ätznatron. Sie ist von Vieweg zur Bestimmung des Merzerisationsgrades benutzt worden (B. 1907, 3876; Ch. Ztg. Rep. 1908, 27; Färb. Ztg. 1908, 168). Vieweg fand, daß 100 g Zellulose aus 2%iger Natronlauge die folgenden Mengen NaOH aufnahmen:

% NaOH der Merzerisierlauge	0	4	8	12	16—24	28—50
aufgenommene g NaOH	1	1	1,4	1,8	2,8	2,9

Er legte 3 g getrocknete oder 3,3 g lufttrockene Baumwolle in 200 ccm 2%ige Lauge in einer Flasche mit Glasstopfen. Nach halbstündigem Schütteln wurden 50 ccm herauspipettiert und titriert.

7. Die gesteigerte Hydrolysiergeschwindigkeit (Schwalbe, Z. angew. Ch. 1908, 1323; 1909, 197). Je höher der Quellungsgrad, um so schneller wird merzerisierte Baumwolle beim Kochen mit verdünnter Schwefelsäure gespalten. Die Hydrolysiergeschwindigkeit wird durch den Unterschied zwischen der Hydrolysierzahl und der Kupferzahl (Bd. II, 30) gemessen.

Die Hydrolysierzahl erhält man, wenn man 3 g des Prüflings mit 250 ccm 5%iger Schwefelsäure unter Rückfluß und Rühren eine viertel Stunde kocht, mit Natronlauge neutralisiert und durch Kochen mit 100 ccm Fehlingscher Lösung wie vorhin die Kupferzahl ermittelt.

Schwalbe fand so für

	Kupferzahl	Hydrolysierzahl	Hydrolysiergeschwindigkeit
Verbandwatte	1,1	3,3	2,2
„ merzerisiert mit 8 %iger NaOH	1,0	3,2	2,2
„ „ „ 16 „ „	1,3	5,0	3,7
„ „ „ 24 „ „	1,2	6,1	4,9
„ „ „ 40 „ „	1,9	6,6	4,7

8. Verdunkelung unter der Ultralampe, aber nur in ungefärbtem und ungebleichtem Garn zu beobachten.

IV. AUSFÜHRUNG DER MERZERISATION IM GROSZEN.

Baumwolle läßt sich nur als Strahn oder als Gewebe merzerisieren, da nur diese Erscheinungsformen die maschinelle Bearbeitung gestatten. Alle Versuche, die nicht oder nur halb versponnene Faser der Natronlaugebehandlung zu unterwerfen, müssen als gescheitert betrachtet werden (F. Erban, M. f. Textilind. 1907, 349; s. auch D. R. P. 124 135, 124 856, 129 843, 138 893, 141 623, 145 582, 177 166, 181 927, 204 512 und 209 428).

Von den oben angeführten neuen Eigenschaften, die die Baumwolle durch das Merzerisieren annimmt, erscheinen drei wertvoll genug, um im Großbetrieb angestrebt zu werden: 1. Die bei örtlicher Behandlung mit Lauge eintretende Schrumpfung, auf der die Erzeugung von Kräuselung (Krepp) beruht. 2. Die bei der Behandlung mit Lauge ohne Spannung eintretende Verdichtung, Verfestigung und Elastizitätserhöhung, auf der hauptsächlich die Erzeugung des Limbacher Wildleders beruht. 3. Der bei der Behandlung mit Lauge unter Spannung entstehende Seidenglanz, die weitaus wichtigste der drei Erscheinungen.

1. Kräuselung.

Unter der örtlichen Einwirkung der Natronlauge zieht sich der Stoff zusammen; die nicht betroffenen Teile werden dadurch gezwungen, sich zu kräuseln. Man kann dabei auf zweierlei Art verfahren, entweder auf dem Weg des direkten oder mit Hilfe des Reservedrucks (vgl. D. R. P. 103 041 S. 76).

Eine Art Reserve ist auch das Trockenhalten an einzelnen Stellen im Gegensatz zu den übrigen genetzten. (A. Liebmann, Chem. Zentralbl. 1921, 1093.)

Nach Angaben der BASF (Grundzüge für die Anwendung der Farbstoffe der BASF auf dem Gebiete der Druckerei, S. 343) druckt man z. B. eine Verdickung aus 350 g Senegalgummi 40 % und 650 g Natronlauge 40° Bé auf und führt 2—3 Minuten im breiten Zustand über Leitrollen, damit die Natronlauge genügend einwirken kann, oder man druckt z. B. eine Reserve aus 650 g Gummiverdickung 1 : 1 und 350 g Wasser auf, trocknet und nimmt durch Natronlauge; in beiden Fällen wird zum Schluß gewaschen, gesäuert und gespült.

2. Limbacher Wildleder.

Die Merzerisierung von Garnen ohne Spannung hat wenig Bedeutung erlangt wegen der damit verbundenen Vergröberung der Garnnummer; wo sie trotzdem für gewisse Artikel, z. B. Verweben mit nicht merzerisierter Baumwolle zur Erzielung von zwei Farben beim Ausfärben des Stückes in einem Bad Anwendung findet, bedient man sich der üblichen Garnstärkemaschinen (s. Bd. III, 308, Abb. 37).

Viel wichtiger ist die Laugenbehandlung von Wirkwaren für die Herstellung von sogenannter Wildlederimitation geworden, wie sie besonders im Limbacher Bezirk ausgeführt wird. Die ausgekochte und geschleuderte (Laug-)ware wird auf einer Klotzmaschine mit Natronlauge 28—30° Bé getränkt, abgequetscht, 5—8 Stunden liegen gelassen, gespült, gesäuert, gespült und gefärbt. Die weitere Appretur s. S. 71.

3. Seidenglanzerzeugung.

Hierfür sind nur solche Garne und Gewebe geeignet, in welchen die einzelne Faser wirklich gestreckt werden kann.

Die Fasern müssen durch genügende gegenseitige Reibung aneinander Halt haben. Dazu gehören:

einerseits langstapelige Gespinste, insbesondere aus Mako und Sea Island;

andererseits festgedrehte kurzstapelige Gespinste.

Die langstapeligen Baumwollen brauchen nicht festgedreht zu sein. Im Gegenteil, bei loser Drehung liegen die Einzelfasern mehr in der Richtung des Fadens, mithin auch in der Richtung der streckenden Kraft. Deshalb wird der Glanz bei loser Drehung besser.

Das Verfahren kann auf zweierlei Weise ausgeübt werden. Entweder wird ohne Spannung gelaugt, ausgeschleudert bzw. ausgequetscht und dann auf die ursprüngliche Länge, wenn möglich noch darüber hinaus, gestreckt und in gespanntem Zustand gewaschen oder es wird in gespanntem Zustand gelaugt, ein wenig überstreckt und ebenfalls in gespanntem Zustand gewaschen. Heute geht man aus den S. 79 erläuterten Gründen der Kraftersparnis fast nur noch mit dem gespannten Baumwollgarn in die Lauge ein, während Gewebe noch ungespannt gelaugt werden.

Für die Einrichtung der zum Ausstrecken und Gespannthalten dienenden Maschinen sind zwei allgemeine Gesichtspunkte zu beachten:

Der Glanz fällt am schönsten bei möglichst großer Streckung aus. Nun läßt sich Baumwolle, die mit Lauge der üblichen Stärke, nämlich 30° Bé, getränkt ist, im allgemeinen nur bis zu ihrer ursprünglichen Länge ausstrecken, ohne zu zerreißen; die Praxis hat aber gelehrt, daß die Bruchdehnung noch um einiges wächst bei einer Erniedrigung der Laugenstärke auf 20—25° Bé. Dieser Tatsache wird beim Bau der Merzerisiermaschinen, besonders für Stück, insofern Rechnung getragen, als die höchste Streckung erst nach begonnenem Waschen, also wenn die Lauge die erwähnte Verdünnung erlangt hat, bewirkt wird.

Die Tiefe der späteren Ausfärbung steht im umgekehrten Verhältnis zur erfolgten Spannung; mithin färben sich ungleich gespannte Strähne und Fäden später ungleichmäßig an. Durchaus gleichmäßige Streckung ist daher das Erste, was eine Merzerisiermaschine leisten muß.

A. GARNMERZERISATION.

a. Vorbehandlung.

1. Sengen oder Gasen. Die aus dem Faden hervorstehenden Fäserchen müssen weggebrannt werden, damit die den Glanz hervorrufende Spiegelung des Lichtes nicht behindert wird.

2. Auskochen (s. Bd. IV, S. 63). Man kocht mit 1—2 % Ätznatron — in der offenen Kufe 3—4 Stunden, unter Druck eine Stunde.

Weniger gut wird das Auskochen durch bloßes warmes Netzen mit 2—3 % Türkischrotöl ersetzt.

3. Schleudern. Von der größten Wichtigkeit ist, daß nicht nur möglichst stark, sondern auch überall gleichmäßig ausgeschleudert werde (s. Bd. III, S. 381).

Wird ungenügend ausgeschleudert, so verdünnt das von der Baumwolle mitgeführte überflüssige Wasser die Lauge; dadurch erhöht sich der Verbrauch an festem Ätznatron.

Wird ungleichmäßig ausgeschleudert, so wird auch ungleichmäßig merzerisiert; denn die stärker ausgeschleuderten Strähne werden auch stärker merzerisiert, da sie mit stärkerer Lauge zusammenkommen.

Aus demselben Grunde darf das geschleuderte Garn vor dem Laugen nicht liegen bleiben, damit es nicht ungleiche Feuchtigkeit annimmt oder an einzelnen Stellen gar antrocknet. Kann abgekochtes Garn nicht mehr am selben Tage merzerisiert werden, so lasse man es lieber vor dem Schleudern, nicht aber vor dem Merzerisieren liegen.

Das Auskochen und Schleudern und die damit verbundenen Gefahren werden durch Zugabe eines geeigneten Netzmittels zur Lauge vermieden. Gut bewährt hat sich z. B. das Merzerol der chemischen Fabrik vorm. Sandoz, ein Gemisch von Hexalin und Kresol (A. Landolt, T. 1928, 759; Spinner und Weber 1928, 27; R. Walter, T. 1931, 40; Z. ges. Text. 1931, 488).

Um das gleichmäßige Eindringen der Lauge zu gewährleisten, müssen etwa zu straff angezogene Fitzbänder in den rohen Garnsträhnen gelockert und zu kurze durch längere ersetzt werden.

b. Laugen.

Über Darstellung, Verunreinigung und Untersuchung der Lauge s. Teil I, S. 139.

Über das Merzerisieren mit Kalilauge s. Teil I, S. 145.

Das Wasser, mit dem nach dem Laugen gespült wird, sei weich und klar. Man spüle so lange, bis das Garn rotes Lackmus nur noch schwach bläut.

Das Garn wird auf Merzerisiermaschinen auf Spannspulen mit selbsttätigem Wechsel in der Drehrichtung aufgelegt (Abb. 61), gespannt, gelaugt (Abb. 62), abgequetscht (Abb. 63), abgespritzt (Abb. 64), nach dem Zusammenfahren der Spulen (Abb. 65) abgenommen (Abb. 66), abgesäuert und gewaschen auf der Kufe oder einer besonderen Maschine (Abb. 67).

Das Spannen mittels Handräder führte leicht zu Fadenbrüchen, besonders bei feineren Garnen. Man ging daher zur Spannung mittels an Hebeln wirkender Gewichte über, die so bemessen wurden, daß eine Überspannung nicht eintreten konnte, da die Spannung elastisch war. Das Senken und Heben des Hebels wurde durch Kurvenscheiben vermittelt (D. R. P. 123 822, von P. Hahn in Niederlahnstein), s. a. D. R. P. 243 462.

Nach dem D. R. P. 196 741 der C. G. Haubold-A.-G. in Chemnitz wird die Spannspule durch eine Sperrklinke in der Lage festgestellt, die der Länge des Strahns vor dem Eingehen in die Lauge entspricht. Der Strahn bleibt elastisch; der Hebel braucht aber nicht mehr so weit auszuladen, da er nur noch den kleinen Weg zurückzulegen braucht, der der Streckung des Strahns über die natürliche Länge hinaus entspricht. S. a. D. R. P. 237 835, von M. Kohl in Chemnitz.

Bei der Maschine Bauart *Gh* der C. G. Haubold-A.-G. werden Garnspulen und Wassertrog hydraulisch bewegt. Der eingestellte Höchstdruck kann nicht überschritten werden, da die Pumpe in diesem Falle sich selbst außer Betrieb setzt. Die Druckpumpe ist mit einem Windkessel verbunden und arbeitet infolgedessen stoßfrei.

Die Auswechselung des Laugentrogs gegen das Wasserbecken geschieht nach dem D. R. P. 119 736, von P. Hahn (Niederlahnsteiner Maschinenfabrik).

Das Revolversystem der Firma J. Kleinewefers Söhne, Krefeld, hat 6—8 wagrechte, karussellartig angeordnete Walzenpaare, die auf einer Rundfahrt das Garn die einzelnen Teilvorgänge der Merzerisierung durchmachen lassen; das Auflegen und Strecken, das erste Laugen, das zweite Laugen, das dritte Laugen, das Abpressen, das Waschen mit wenig Wasser zwecks Gewinnung der Waschlauge, das eigentliche Waschen mit heißem und das endgültige Waschen mit kaltem Wasser.

In England wird eine ähnliche Maschine benutzt, nur werden die Strähne senkrecht aufgehängt, sind aber dadurch eher der Beschmutzung durch auftropfendes Öl ausgesetzt; auch befindet sich oben statt einer Walze ein Paar kleinerer Walzen, die durch Drehung um 180° der unteren Walze zum Auflegen der Strähne genähert oder zum Spannen von ihr entfernt werden können (D. R. P. 119 331, von J. und G. Spencer in Whitefield).

Vereinzelt wird auch in England, z. B. bei der British Cotton and Wool Dyers Association, die amerikanische Merzerisiermaschine nach den D. R. P. 131 704 und 134 968 von F. und C. Shuman in Philadelphia benutzt. Bei dieser Maschine wandern die Garnträger an Ketten ohne Ende geführt durch die entgegenströmende Lauge. Auch die Waschflüssigkeit bewegt sich im Gegenstrom.

Die Revolvermaschinen erzeugen im großen 200 Pfund stündlich; die Liliputmaschinen 3 und 1 von Kleinewefers erzeugen nur 70 und 40 Pfund; der Laugenverbrauch ist hier höher, nämlich etwa 56 % vom Garngewicht, gegen 45 % bei der Revolvermaschine. Dafür verbrauchen Liliput 3 und 1 nur 3 und 2 PS gegen 5 PS der Revolvermaschine.

Bis etwa 1910 hatten die Färber mehr oder weniger unter der „Kringel"- und „Rundbunt"-Erscheinung zu leiden, einer ungleichmäßigen Anfärbung, die in Strümpfen, Trikotagen und Geweben auftrat, welche aus merzerisiertem Garn gestrickt, gewirkt und

Abb. 61.

Abb. 62.

Abb. 63.

Abb. 64.

Abb. 65.

Abb. 66.

Abb. 67. Absäuermaschine von C. G. Haubold in Chemnitz.

gewebt worden waren. Mit Recht suchte man den Fehler beim Merzerisieren und fand folgende Ursache: Wenn das Garn unter Spannung in die Lauge eintritt, so schrumpft der zuerst eintauchende Teil zusammen, dehnt die noch nicht untergetauchten Teile und hindert die vollkommene Durchdringung mit der Lauge. Die Folge ist später ein helleres Anfärben dieser Teile. Man kann dem Übelstand abhelfen, indem man das Garn zunächst mit mäßiger Spannung in das Bad bringt und erst nach gleichmäßiger Durchtränkung durch geeignete Stellung der Walzen die Höchstspannung erzeugt.

So bei der Maschine der Maschinenfabrik Gerber-Wansleben in Krefeld (Abb. 68). Mit je 4 Walzenpaaren auf jeder Seite erlaubt sie in einem Arbeits-

Abb. 68.

gang zu 10 Minuten 20 Pfund Garn zu merzerisieren. Das Garn wird zunächst in losem Zustande gelaugt. Erst nach dem Schrumpfen wird hydraulisch gestreckt bis zu einer vorher eingestellten und nicht zu überschreitenden Länge.

Bei den übrigen Maschinen wird meist nach D. A. 52 445 (1910) von P. Hahn das gespannt eingeführte Garn entspannt und dann wieder gespannt.

Fehlerhafte Merzerisierung tritt auch ein, wenn man z. B. das Garn zu dick auf die Walzen auflegt, wobei der den Walzen anliegende Teil weniger gestreckt wird und sich deshalb später dunkler anfärbt.

Schließlich dürfen sich die Walzenachsen nicht durchbiegen, dann würde der nach außen, nach dem auflegenden Arbeiter hin liegende Teil des Garnes weniger gestreckt werden als der innere und sich dadurch dunkler anfärben.

C. G. Haubold, Chemnitz, stützen die freien Spulenenden durch kleine hydraulische Hilfszylinder ab, die in Verbindung mit dem Hauptzylinder arbeiten. Die Kolben dieser Zylinder bewegen sich genau in der Ebene der Achsenmitten (Abb. 62—65).

Weitere Merzerisationsfehler, die ungleichen Farbausfall zur Folge haben, sind:

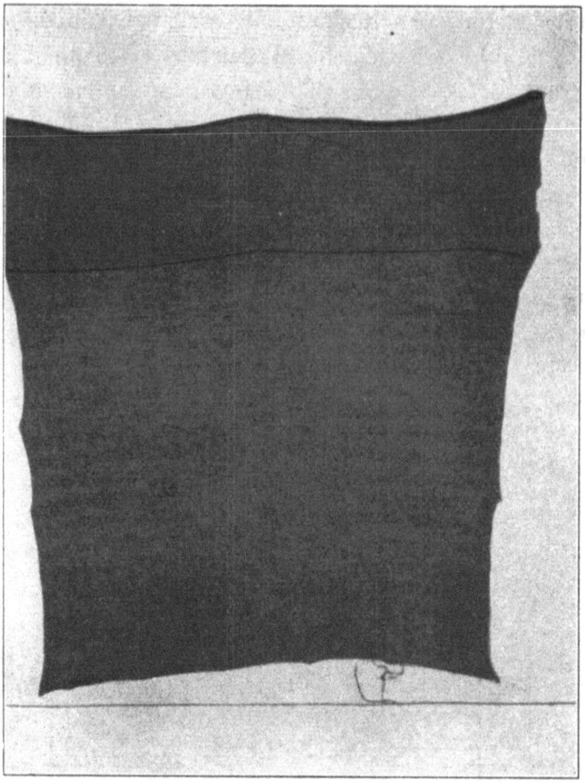

Abb. 69. Strumpflänge mit Ringeln, aufgetrennt.

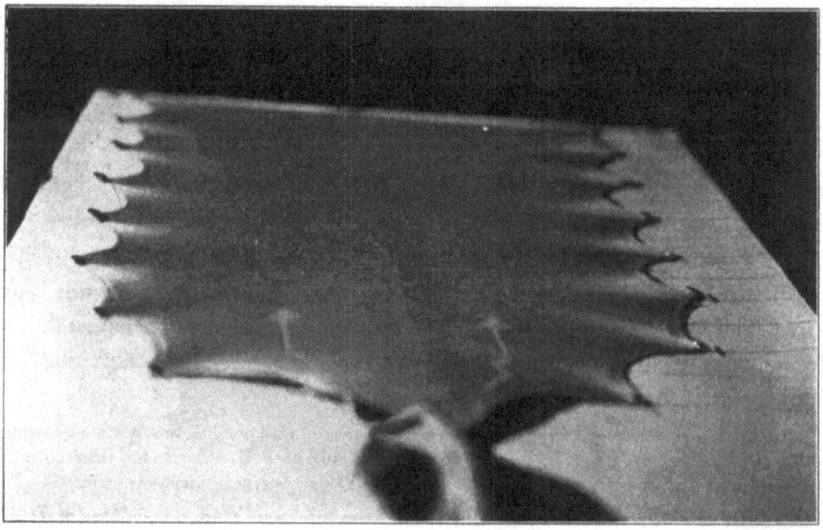

Abb. 70. Strumpflänge ohne Ringel, aufgetrennt und mit Reißzwecken aufgespannt.

1. *Ungleiche Weifenlänge* innerhalb eines Baumwollstrahnes.

2. *Unreines Wasser* beim Seifen des merzerisierten Garnes. Kalkseife schlägt sich in dem Faden nieder.

3. *Ungleiches Absäuern* nach dem Merzerisieren.

4. *Zu hoher Gehalt der Lauge an Kieselsäure und Aluminiumhydroxyd.*

Außer diesen durch fehlerhafte Merzerisation hervorgerufenen Ringeln kann eine ungleiche Farbstoffaufnahme des Garnes beim Färben des Strumpfes auch noch durch folgende Ursachen hervorgerufen werden:

1. *Ungleiches Garn.* Dann muß sich aber an der Übergangsstelle ein Knoten finden und an dieser Maschenreihe müssen die verschieden gefärbten Felder sich scharf abgrenzen.

2. *Ungleiches Trocknen* des merzerisierten Garnes vor dem Färben.

3. *Ungeeignete Weichmachungsmittel*, die sich beim Lagern des merzerisierten Garnes verändern und vielleicht verharzen.

4. *Ungleiches Paraffinieren* des Garnes auf dem Wirkstuhl.

Die meisten Ringelerscheinungen aber rühren heute nicht von verschieden starker Farbstoffaufnahme, sondern von verschiedener *Lichtspiegelung* her, die die Maschenreihen bald heller, bald dunkler erscheinen lassen (Abb. 69).

Von dieser Erscheinung kann man sich ein Bild machen, wenn man eine in sich vollkommen gleichgefärbte Strumpflänge mittels Reißzwecken auf ein Reißbrett aufspannt. Es treten dann dunkle und helle Stellen auf, und zwar immer an den gegenüberliegenden Nahtkanten entgegengesetzt (Abb. 70).

Solche ungleiche Lichtspiegelung kann hervorgerufen werden durch

1. *Ungleiche Verspinnung*, sogenannte „Schnittigkeit" des Garnes. Die dünnen Stellen zwirnen sich stärker und erscheinen dadurch dunkler.

2. *Ungleiches Gasen* des Garnes. Die nicht gegasten Stellen erscheinen flaumiger und dadurch heller.

3. *Ungleiches Zwirnen* bei mehrfachem Garn.

4. *In den meisten Fällen ungleiche Lieferung* des Fadens beim Kulieren auf dem Kottonstuhl und demzufolge festere oder losere Maschenbildung (Abb. 36a, Bd. II). Diese Erscheinung verrät sich dadurch, daß die dunklen und hellen Ringel immer scharf an der Naht des Strumpfes beginnen und aufhören. Ferner dadurch,

daß eine gewisse Periode der Ringel wahrzunehmen ist, indem der Übergang von hell zu dunkel und umgekehrt jeweils nach einer bestimmten Anzahl von Maschenreihen stattfindet. Schließlich dadurch, daß diese Periode sich verkürzt beim Mindern (Bd. II, 66).

Daß es sich um verschiedene Spannungen beim Kulieren handelt, geht auch daraus hervor, daß außer der dehnbaren merzerisierten Baumwolle die noch dehnbarere Kunstseide und auch Wolle die Ringelerscheinung auf dem Kottonstuhl gibt, während sie bei der wenig dehnbaren nicht merzerisierten Baumwolle kaum vorkommt.

Auch gibt dasselbe Garn auf dem Kottonstuhl Ringel, auf dem Rundstuhl gleicher Warenbreite aber nicht.

c. Nachbehandlung.

I. Grifferzeugung.

Im allgemeinen verfährt man so, daß man auf ein Bad von etwa 10 g Marseillerseife im Liter stellt, gut ausschleudert und mit einer für die Faser ungefährlichen Säure, wie Milch-, Essig- und Ameisensäure, absäuert. Man verwendet etwa 2—10 g Säure im Liter, so viel, daß das Bad am Schluß noch deutlich sauer reagiert. Die Seife kann man auch in das Ausfärbebad geben, wenn substantiv gefärbt wird. Dagegen muß man bei Verwendung basischer Farbstoffe das Seifen dem Färben folgen lassen. Von der Verwendung von Schwefelfarbstoffen sieht man am besten ab. Kräftige Abkochung des Garnes vor dem Färben mit Natronlauge (Laugezusatz zum kochenden Färbebad), hat eine günstige Wirkung auf den Griff.

Eine befriedigende Erklärung für die Entstehung des „Griffes“ auf Baumwolle oder Seide haben wir noch nicht.

Fast jede Färberei arbeitet anders. Praktisches Erfordernis für die Entstehung eines guten Griffes scheint zu sein:

1. Die Gegenwart von Soda oder einem scharfen Alkali im heißen Färbe- oder sonstigen vorhergehenden Bade.
2. Die Gegenwart einer guten Seife im Färbebade.
3. Die Schlußbehandlung (Avivage) mit irgendeiner für den Faden nicht nachteiligen Säure.

Zu diesen unerläßlichen Bedingungen kommt noch als begünstigend:

4. Gutes Wiederauswaschen der Seife und überhaupt peinlichste Reinigung des Garnes.

Zu 1. Wenn das Färbebad kein scharfes Alkali verträgt, muß man ein scharfes alkalisches Bad vorherschalten, etwa Natronlauge 4° Bé.

Über die Wirkung dieses Alkalis lassen sich höchstens Vermutungen aussprechen. Man könnte z. B. annehmen, daß die gründliche Reinigung, die sich vielleicht bis zu einem teilweisen Verlust der Kutikula steigert, das knirschende Gefühl beim

Aneinanderreiben der nunmehr nackten Fasern hervorrufe. Tatsache ist, daß ohne dieses Alkali der beste Seidengriff nicht zu erzielen ist.

Zu 3. Die Art und die Menge der Säure ist im allgemeinen gleichgültig, solange keine Schädigung der Baumwolle zu befürchten ist. Gefährlich sind also Oxalsäure, Weinsäure, Zitronensäure und Mineralsäuren, ungefährlich Ameisen-, Essig- und Milchsäure. Salizylsäure gibt guten Griff, es folgen dann Ameisensäure, dann Essigsäure und zuletzt Borsäure (D. R. P. 122 351 von Bayer).

Die Menge der Säure ist, sobald sie einen gewissen zur Absättigung erforderlichen Betrag übersteigt, ohne allen Einfluß.

So war es bei Versuchen ganz gleichgültig, ob mit Benzoechtscharlach 5 BS unter Zusatz von 5 % Seife und 10 % Glaubersalz gefärbte merzerisierte Baumwolle nach gutem Spülen mit 3, 10, 30 oder 100 % Essigsäure nachbehandelt wurde.

Besonders schwierig war von jeher die Erzeugung von Seidengriff auf mit Schwefelfarbstoffen, namentlich Schwefelschwarz, gefärbter Baumwolle, da die in der Avivage unentbehrliche Säure den Zerstörungsprozeß der Ware unter dem Einfluß der sich aus dem Farbstoff entwickelnden Säure nur beschleunigte. Die dem Morschwerden entgegenwirkenden Zusätze von Natriumazetat und anderen schwach alkalischen Salzen verhindern naturgemäß auch das Zustandekommen des Griffes. (D. R. P. 242 933 [G. E.]; E. Ristenpart, L. Färb. Ztg. 1912, 48.)

II. Nachträgliche Streckung.

Merzerisierte Baumwolle ist als gequollene Zellulose auch im trockenen Zustande noch formbar. Der Seidenglanz wird daher durch nachträgliches Strecken der Garne im trockenen Zustande oder ganz besonders während des Trocknens beträchtlich gesteigert. Man verwendet zum Strecken nach dem Trocknen die Streck- und Lüstriermaschine (Bd. III, Abb. 139 und 140, S. 483) oder von Gerber-Wansleben (Abb. 71), zum Spannen während des Trocknens die Spanntrockenmaschine von Gerber-Wansleben (Abbildung 72).

Abb. 71. Streck- und Lüstriermaschine.

Auch wird das Garn mit der Chevilliermaschine von Gerber-Wansleben (Abb. 73) wieder weich gemacht (Bd. III, S. 483).

B. STÜCKMERZERISATION.

S. a. G. Adler, Über den Stand der modernen Stückmerzerisation, M. f. Textilind. 1927, 453.

a. Vorbehandlung.

1. Sengen (Bd. IV, S. 68) mit anschließendem Bürsten. Häufig befindet sich die Bürstenvorrichtung an der Merzerisiermaschine (Abb. 76

links). Abb. 74 zeigt den Bürstkasten der Zittauer Maschinenfabrik mit 4 Bürsten und angeschlossenem Windflügel zur Absaugung des Staubes.

2. a) Auskochen (Bd. IV, S. 96) und Trocknen (Bd. III, S. 403) oder b) Entschlichten (Bd. IV, S. 85).

Abb. 72. Spanntrockenmaschine.

Abb. 73. Chevilliermaschine.

Ob man nach a) oder b) oder nach keinem von beiden verfährt, entscheidet die Art der Ware und die Kostspieligkeit des Verfahrens.

Das Auskochen reinigt sicher am gründlichsten. Wird weder ausgekocht noch entschlichtet, so nimmt die Lauge später einen großen Teil der Schlichte auf.

b. Laugen.

Je nach Vorbehandlung und Art der Gewebe verfährt man verschieden:

a) Leichte Gewebe werden nur auf dem mit der Merzerisiermaschine verbundenen Foulard (Bd. III, Abb. 101) mit Lauge geklotzt und abgepreßt und laufen sofort in die Streckvorrichtung.

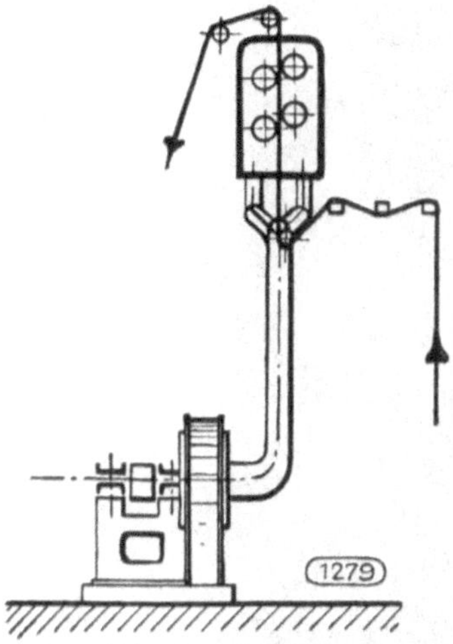

Abb. 74. Bürstkasten.

b) Schwere Gewebe werden auf dem Foulard getränkt, abgepreßt und 1—2 Stunden zwecks vollständiger Durchtränkung aufgewickelt liegen gelassen. Danach wird die Kaule mittels des Transportwagens (Abb. 75) vor die Merzerisiermaschine gefahren.

Neuerdings läßt man das Gewebe auch durch einen Foulard, danach zur Verlängerung der Einwirkungsdauer über eine Anzahl (5) Warenüberführungstrommeln und zum Schluß wieder durch einen Foulard laufen

Abb. 75. Transportwagen.

(Abb. 76). Vor den Trommeln befindet sich ein sich gegen den Warenlauf drehendes Ausbreitwalzenpaar.

Bei dem ununterbrochenen Betrieb wird die folgende Rolle immer an das rasch abgewickelte Ende der vorhergehenden, auf der Merzerisiermaschine befindlichen genäht.

Die Temperatur der Lauge betrage nicht über 15°. Wärmere Lauge muß zu stark — 35—40° Bé — angewandt werden. Man bedient

Abb. 76. Merzerisiermaschine mit Kluppenketten.

sich daher gern einer Eismaschine, die die Lauge auf die Arbeitstemperatur von 3° herunterkühlt und auch Eis für sonstige Kühlzwecke herstellt.

c. Strecken und Bespülen.

Man unterscheidet Merzerisiermaschinen mit Spannketten und kettenlose Merzerisiermaschinen. Dazwischen stehen die halbkettenlosen Merzerisiermaschinen.

I. Die Maschinen mit Kluppenketten (Abb. 76) sind für alle Waren geeignet, die das Anfassen mit Kluppen gestatten.

Das gelaugte Gewebe läuft zunächst über einen dem Streckrahmen vorgebauten Ausbreiter (s. Teil IV, S. 147, Abb. 115/16).

Abb. 77. Überlauf- und Durchsaugevorrichtung.

Die Längsspannung in der Kettrichtung wird durch Riemenscheibenkegel geregelt, die den Antrieb der beiden Foulards (Abb. 72) von dem Streckrahmen aus vermitteln.

Das geglättete Gewebe läuft in die Kluppen der Spannkette ein (Bd. IV, S. 150, Abb. 119).

Im weiteren Verlauf auf dem Spannrahmen wird das Gewebe mit dünner warmer Lauge aus einer Anzahl Spritzrohre von oben und unten bespült, um die starke Lauge auszuwaschen und die Schrumpfkraft aufzuheben.

Die Spritzrohre sind in ihrer Mitte drehbar gelagert und lassen sich über die Breite des Gewebes hin einstellen. Dabei öffnet sich ein im Drehgelenk befindlicher Hahn von selbst.

Sauberer und gründlicher als die Spritzrohre arbeitet die Überlauf- und Durchsaugvorrichtung über den Neutralisierfeldern, Abb. 77 (E. P. 19 734 [1902] von E. Scott in London, D. R. P. 205 962 von Haubold in Chemnitz und 217 022 von W. Möller-Holtkamp in Eitorf).

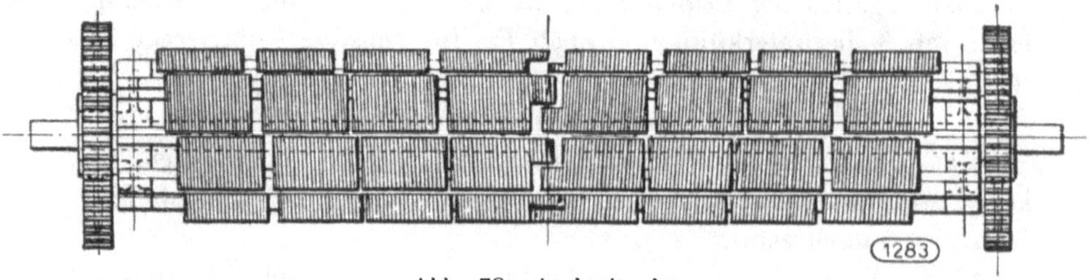

Abb. 78. Ausbreitwalze.

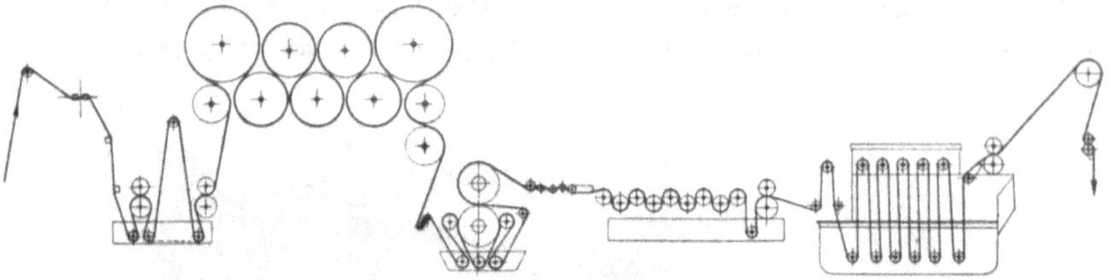

Abb. 79. Kettenlose Merzerisiermaschine, Spritzsystem.

Abb. 80. Breitstreck- und Neutralisiervorrichtung, Spritzsystem.

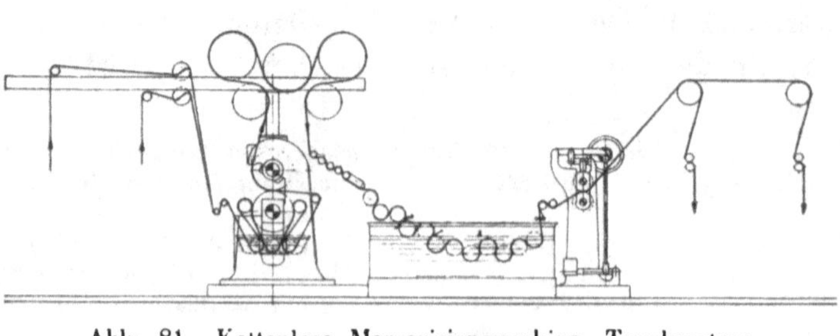

Abb. 81. Kettenlose Merzerisiermaschine, Tauchsystem.

Das unter dem Rahmen sich sammelnde Spülwasser wird durch Schleuderpumpen im Kreislauf so lange wieder nach oben befördert, bis es 5⁰ Bé zeigt. Gespült wird im Gegenstrom, d. h. die Spritzrohre empfangen um so dünnere Lauge, je weiter sie nach dem Ende des Rahmens zu liegen. Das dort befindliche Spritzrohr enthält reines Wasser, wenn nicht ein Entlaugungsapparat vorgesehen ist, der es speist.

II. Die kettenlosen Merzerisiermaschinen sind für solche Gewebe bestimmt, die das Anfassen mit Kluppen nicht vertragen, weil sie sonst an den Kanten eingerissen oder auch nur verdrückt und verzerrt werden würden (s. a. O. Frischknecht, T. 1926, 1026).

Außerdem sparen sie vor allem an Platz; denn an Stelle der oft 15 m langen Streck- und Ausbreitrahme treten 2 Ausbreiterkasten mit je 7 Ausbreitwalzen. Die Ausbreitwalzen (Abb. 78) breiten nicht nur in der Mitte, sondern ganz gleichmäßig aus. Der erste Kasten ersetzt das Einlaß- und Spannfeld des Rahmens, der zweite das Abspritzfeld.

Die Ausbreiterstäbe bestehen aus einzelnen Gliedern und werden zwangsläufig durch Zahnräder angetrieben. Die Glieder bewegen sich an den Streichstellen von innen nach außen und breiten den Stoff gleichmäßig aus.

III. Die halbkettenlose Maschine hat einen verkürzten Streckrahmen und dahinter nur einen Ausbreiterkasten.

IV. Die Merzerisiermaschine für Spitzen und Stickereien ist kettenlos; nur darf zur Erhaltung der Muster nicht auf dem Foulard unter Druck gelaugt werden. Man tränkt in einem Breithalterkasten, der an Stelle der oberen drei Ausbreitwalzen leichte Quetschwerke hat.

Kettenlose Maschinen werden heute von der C. G. Haubold A.-G. in Chemnitz und von der Maschinenfabrik Benninger in Uzwil in der Schweiz gebaut (H. Weiß, L. M. f. Textilind. 1927, 216). Abb. 79 zeigt den Warenlauf bei einer Anlage von Haubold für mittelgroße Leistungen nach dem Spritzsystem, Abb. 80 die zugehörige Breitstreck- und Neutralisiervorrichtung, Abb. 81 eine Anlage für kleine Leistungen nach dem Tauchsystem (2 Gewebebahnen übereinander), Abb. 82 die zugehörige Breitstreck- und Neutralisiervorrichtung.

Die foulard- und kettenlose Merzerisiermaschine, Type „HF" der Zittauer Maschinenfabrik (Abb. 83/84), führt das Gewebe über eine Anzahl Walzen, die miteinander in Berührung stehen. Infolgedessen liegt das Gewebe den Walzenumfängen von Anfang bis zu Ende dicht auf und hat keine Gelegenheit zum Schrumpfen weder in der Länge noch in der Breite. Es verläßt die letzte Walze erst nach der Neutralisation der Lauge.

Über dem ersten, dem Laugenabteil, befinden sich Rohre, durch die Lauge auf die Walzen fließt. So entstehen auch zwischen den einzelnen Walzen, zwischen denen die Ware läuft, kleine Laugenbäder.

Über dem zweiten, dem Waschabteil, befinden sich Überlaufrinnen, die ständig zulaufendes Frischwasser über die Walzen verteilen.

Zwischen Laugen- und Waschabteil preßt ein mittels Pumpe und Akkumulator betriebenes hydraulisches Quetschwerk die Lauge stark aus dem Gewebe heraus.

Lauge sowohl wie Spülflüssigkeit werden im Kreislauf dauernd gepumpt. An den Abteil für die Neutralisation kann die übliche Entlaugungsvorrichtung, Wasch- und Säuermaschine, angeschlossen werden (Abb. 85).

Abb. 82. Breitstreck- und Neutralisiervorrichtung, Tauchsystem.

Abb. 83/84. Foulard- und kettenlose Merzerisiermaschine.

Abb. 85. Foulard- und kettenlose Merzerisiermaschine mit Entlauger, Wasch- und Säuermaschine der Zittauer Maschinenfabrik.

Merzerisieren unter rollendem Druck.

Hier wird die mit Lauge getränkte Ware sofort zwischen zwei Preßwalzen geleitet und auf die eine straff aufgewickelt. Sie bleibt

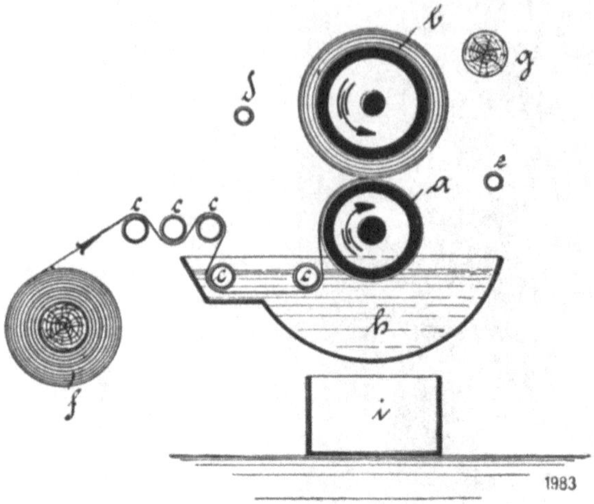

Abb. 86.

Abb. 87.

also in der Längsrichtung gespannt und kann nur in der Breite schrumpfen. Die Arbeitsweise veranschaulichen die Abb. 86—89.

Die Ware *f* wird über die Breithalterwalzen *c* durch die Lauge *h* über die festgelagerte Eisenwalze *a* auf die durch Hebeldruck belastete Eisenwalze *b* geleitet (Abb. 86).

Dann wird der Antrieb umgesteuert und das Gewebe auf *a* aufgewickelt (Abb. 87).

Nun wird die Lauge in den Behälter *i* abgelassen und die Ware unter Abspritzen mit heißem Wasser aus *e* wieder auf die Oberwalze *b* aufgewickelt. Die 8—10° Bé starke Waschlauge sammelt sich in dem Behälter *h* (Abb. 88).

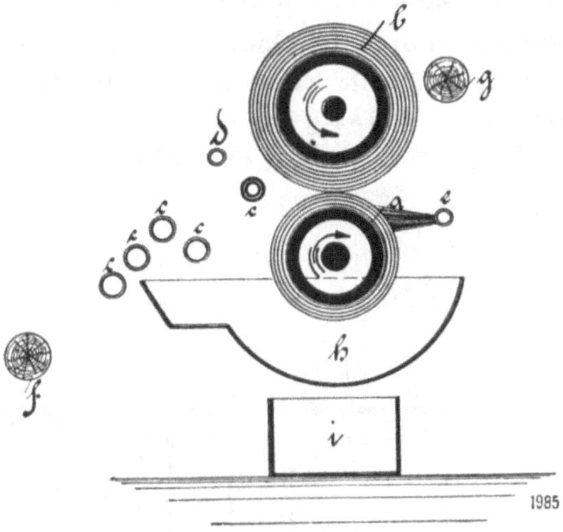

Abb. 88.

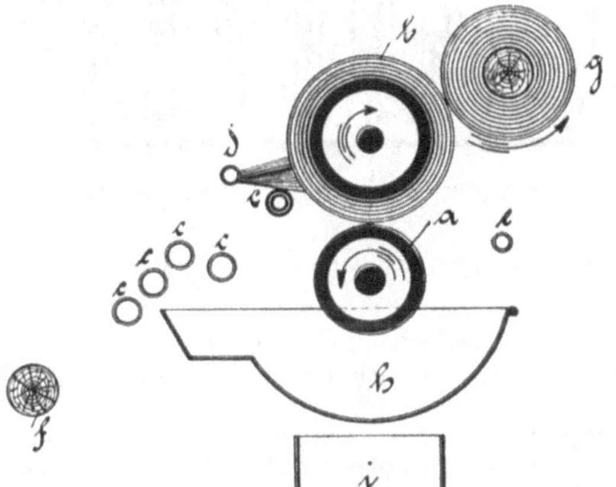

Abb. 89.

Von der Oberwalze *b* wird das Gewebe schließlich unter Abspritzen aus *d* auf die Steigdocke *g* aufgewickelt (Abb. 89).

Dieser Merzerisierfoulard wird von der Zittauer Maschinenfabrik gebaut; er eignet sich gut für sog. Kettsatin. Die Leistung ist freilich gering, besonders bei schwerer Ware, wo die einzelnen Behandlungen wie das Umwickeln und Abspritzen zur Vervollständigung der Wirkung wiederholt werden müssen.

Das Merzerisieren unter rollendem Druck kann auch auf einer dreiteiligen Krabbmaschine (Bd. III, 423, Abb. 111) vorgenommen werden. Man hat dann den Vorteil, daß die Lauge nicht jedes Mal abgelassen werden muß. (S. a. Bd. IV, 250, Abb. 165.)

d. Entlaugen und Neutralisieren.

Auf dem Streckrahmen wurde das Gewebe nur so weit gespült, daß es beim Verlassen der Spannkette nicht mehr schrumpft; nunmehr tritt es in den eigentlichen Entlauger, der eine nahezu vollständige Rückgewinnung der Lauge ermöglicht (Abb. 90).

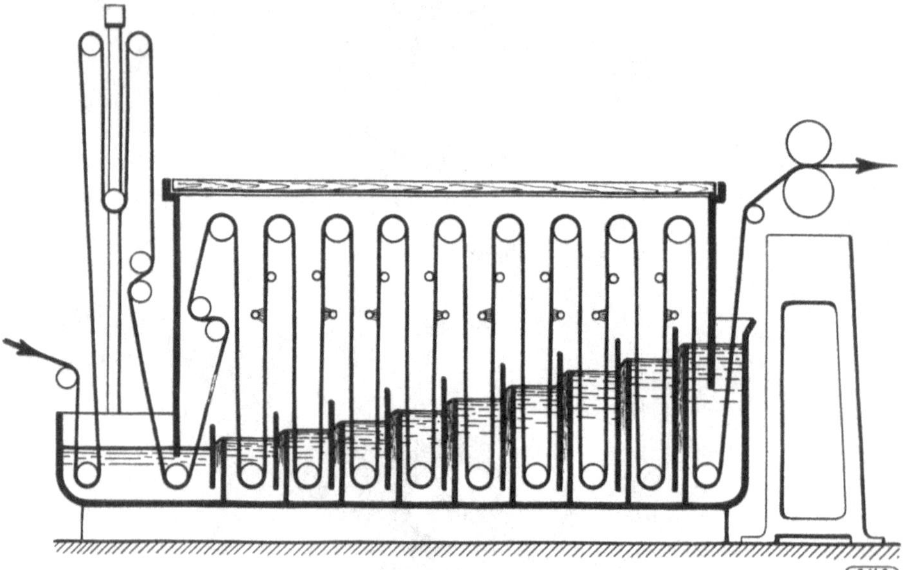

Abb. 90. Entlauger der Zittauer Maschinenfabrik.

Die Ware läuft hier durch einen hydraulisch abgeschlossenen Kasten und wird dabei der Einwirkung von Dampf unter Luftabschluß ausgesetzt. Sie tritt zunächst durch die Waschlauge der ersten Kammer, dann in den Dampfraum, der durch zwei zwischen je zwei oberen Leitwalzen liegende Dampfrohre geheizt wird, läuft nach oben und unten in den zweiten Behälter usw. Das aus dem ersten Behälter ablaufende Spülwasser wird den Spritzrohren des Spannfeldes im Gegenstrom zugeführt.

Ähnlich arbeiten die Entlauger von J. Matter nach D. R. P. 215 045, Bd. I, S. 91, von M. Jahr in Gera nach D. R. P. 269 880 und J. P. Bemberg A.-G. in Barmen nach D. R. P. 271 314.

Nach dem Entlauger läuft das Gewebe in die Neutralisiermaschine, Bd. IV, Abb. 150, S. 199.

Sie besteht aus einem eisernen Waschkasten mit eisernen Leitwalzen und Quetschwerk, einem hölzernen Säurekasten mit ganz verdünnter Schwefelsäure, einem Spritz- und einem Nachwaschkasten zum Auswaschen der Säure.

In dem Waschkasten befindet sich kochendes Wasser, ein Überlaufrohr, ein sich der Ware entgegendrehender Breithalter und ein Spritzrohr.

In dem Säurekasten befinden sich hölzerne Leitwalzen mit langen, in Porzellanlagern laufenden Bronzezapfen. Auch die Breithalter vor den Quetschwalzen sind aus Bronze.

In dem Spritzkasten befinden sich 6 Paar Spritzrohre und kein Boden so, daß das Wasser gleich ablaufen kann.

Über Laugenrückgewinnung s. Bd. I, S. 90.

Laugenreinigung versuchen die D. R. P. 249 943 der J. P. Bemberg A.-G. in Barmen durch Elektrolyse und 287 092 von F. Küttner in Pirna durch Dialyse.

e. Nachbehandlung.

Bleichen und Färben, Grifferzeugung und Nachstrecken geschehen nach den unter Garnmerzerisation entwickelten Grundsätzen.

Besondere Bedeutung für Gewebe haben die folgenden Verfahren erlangt:

I. Das Schreinern.

Nach seinem Erfinder Dr. Schreiner, Teilhaber der Firma Ferd. Mommer & Co. in Barmen, wird diese Behandlung in Amerika und England kurz Schreinern genannt. In Deutschland spricht man von „Simili" merzerisage (W. Schrey, T. 1930, 791). S. a. W. Kleinewefers: „Die Gaufrage", Berlin 1925.

Die merzerisierte Baumwolle ist als gequollene Zellulose (S. 80) formbarer als gewöhnliche. Sie ist daher geeignet, eine ihr aufgeprägte Oberfläche dauernder aufzunehmen und festzuhalten. Würde man die Oberflächenform eines Seidenatlasgewebes galvanoplastisch abnehmen und auf das merzerisierte Baumwollgewebe übertragen, so müßte das Gewebe den gleichen Glanz wie der Seidenatlas annehmen.

Einfacher ist es, die Oberfläche der Seide künstlich nachzuahmen. Man kann annehmen, daß in ihr jeder Kokonfaden eine lichtspiegelnde Fläche von 0,01—0,015 mm Breite bildet. Graviert man auf einer Stahlwalze lauter derartig kleine Flächen in verschiedenen winklig zueinander liegenden Ebenen ein, so muß der Abdruck auf dem merzerisierten Baumwollgewebe eine ganz ähnliche Wirkung hervorrufen.

Auf 1 mm kommen 5—20 Rillen oder 10—40 Flächen. Die Rillen verlaufen zwar alle parallel der Richtung des Kettgarnes; da aber die einzelnen Baumwollfasern nach der Pressung ihre Lage ein wenig ändern, so wird Spiegel- oder Speckglanz vermieden und der den Charakter der Seide vortäuschende vornehme zerstreute Glanz hervorgerufen.

Weniger als 5 Rillen werden dem bloßen Auge sichtbar und wirken zu grob. Mehr als 20 Rillen lassen sich nicht mehr tief genug einritzen. Gewöhnlich gibt man 10—12 Rillen.

Durch Heizung der Walze und durch gleichzeitiges Dämpfen, also vorheriges Nässen der Ware, wird der Glanz stärker und haltbarer.

Dem Schreiner-Patent D. R. P. 85 368 aus dem Jahre 1894 wurde das E. P. 4595 (1885) von G. W. Chambers Kirkham in Cecil Villas in England entgegengehalten. Kirkham gab aber nur 2 Rillen auf 1 mm an; damit läßt sich nicht entfernt der Schreinerglanz erzielen.

Schreiner hatte infolgedessen viele Schwierigkeiten bei der Durchfechtung seines Patentanspruches, der später auf die J. P. Bemberg A.-G. überging. Erst am 10. Januar 1906 wurden die vielen Umgehungen vom Reichsgericht als Patentverletzungen gebrandmarkt (nicht so in Frankreich, England und Österreich).

Das Schreinern wird auf folgende einfache Weise vorgenommen:

Die merzerisierte, gefärbte und gespülte Ware wird je nach dem verlangten Griff mit Türkischrotöl und Seife oder mit Dextrin und Leim getränkt oder unmittelbar auf dem Spannrahmen getrocknet, aufgewickelt und durch den Riffel-(Seidenfinish-)kalander bei 80—100° C und 40 000—50 000 kg Druck geschickt. Der Riffelkalander ähnelt dem gewöhnlichen Kalander (Teil III, S. 410, Abb. 108 und 109) bis auf die Rillengravur in der Stahlwalze. Nach dem Kalandern wird eingespänt und kalt gepreßt.

Andere Gravuren schlagen die D. R. P. 167 930 von W. J. Pope und J. Hübner in Manchester, 185 835 von A. Keller-Dorian in Mülhausen i. Els. und 197 589 von J. Eck & Söhne in Düsseldorf vor.

Pope und Hübner verwenden statt der geradlinigen Rillen sich kreuzende Riffelsysteme, sogenannte Netzgravur.

Keller-Dorian schneiden in die Walze an den Enden sich verjüngende Drallrippen ein. Die Stäbchen sind erhaben; 9 auf 1 mm sollen genügen.

Damit die geheizte Stahlwalze nicht unter dem starken Druck in ihren Lagern läuft, befindet sich über ihr eine Druckrolle — Blindwalze oder Antifriktionsrolle; diese fängt den Druck auf und entlastet die Zapfen der Stahlwalze; man gibt den Druckscheiben einen größeren Durchmesser als den Stahlwalzen und verringert dadurch die Reibung in den Lagern infolge der langsameren Drehung.

Der Doppelkalander von Joh. Kleinewefers in Krefeld mit einer Gravurwalze zwischen zwei Papierwalzen ermöglicht den gleichzeitigen Durchlauf zweier Gewebebahnen durch die Maschine. Jede der beiden Papierwalzen hat ihre eigene Druckvorrichtung, die unabhängig von der anderen jederzeit abgestellt werden kann.

Der Revolverkalander von Joh. Kleinewefers Söhne in Krefeld hat vier in einem Revolver gelagerte Stahlwalzen mit verschiedener Gravur oder in verschiedener Breite zum Auswechseln. Während man für sogenannte Schußsatins eine diagonale Riffelung der Walze anwendet, sieht man für andere Waren z. B. eine Riffelung in der Kettrichtung vor. Ferner drücken sich die dickeren Kanten schmälerer Ware leicht in die Gravur und beim späteren Durchlauf breiterer Ware in diese ab. Es ist daher gut, für die schmale und für die breite Ware eine besondere Walze in die Arbeitsstellung einrücken zu können. Man kann auch eine der vier Walzen ohne Gravur lassen und als „Waschwalze" gebrauchen, wenn die Papierwalze gewaschen werden muß. Dabei würde die Gravur der mitlaufenden Stahlwalze unnötig belastet und beschädigt werden.

Der Magazinkalander von Kleinewefers ermöglicht die schnelle Auswechselung der Stahlwalzen beim einfachen und Doppelkalander dadurch, daß die Ergänzungswalzen in einem Magazin oberhalb des Kalanders liegen und so den Kalander vorn frei zugänglich lassen.

II. Der Hall-Kalander.

Der Hall-Kalander — Hall war kaufmännischer Leiter bei Kleinewefers Söhne — steigert die Glanzwirkung durch Schräglage der elastischen Walze nach D. R. P. 177 241. Die Lager dieser Walze sind bei den schweren Kalandern an beiden Seiten verstellbar, so daß ihre Achse in eine schräge Lage zur Achse der Gegenwalze gebracht werden kann.

Während bei dem üblichen Friktionskalander die Walzen mit parallelen Achsen ohne Ausübung seitlichen Druckes übereinander wegrollen, erleidet das Gewebe zwischen schief zueinander liegenden Walzen eine starke seitliche Reibung. Dadurch wird der mit glatter oder gravierter Stahlwalze erzeugte Glanz beträchtlich gesteigert.

In England bezeichnet man derartigen Glanz als „Williams-Finish", weil Williams & Sons in Gorton ihn dort zuerst erzeugten.

III. Der „Permanent-Finish" (Radium-, Adler-finish).

Der nach I oder II erzeugte Glanz ist rein mechanischer Natur und daher gegen Feuchtigkeit, insbesondere gegen nasses Bügeln nicht beständig. Denn dabei ändert sich das mechanische Gefüge der einzelnen an der Glanzwirkung beteiligten Fasern.

Man hat mit mehr oder weniger Erfolg durch eine ganze Reihe von Verfahren versucht, diesem Übelstand entgegenzuwirken und den Glanz haltbarer zu machen.

1. Durch heißes Pressen der nach I oder II behandelten, mit feuchten Tüchern zusammengefalteten Gewebe nach E. P. 16 746 (1897) oder durch Kalandern der mit feuchten Tüchern unter Druck zusammengerollten Gewebe und nachfolgendes Dämpfen im geschlossenen Behälter nach E. P. 25 703 (1899), beide von M. S. Sharp in Heckmondwike.

2. Durch Überziehen der Riffelware mit einer feinen Schicht eines wasserunlöslichen Stoffes. Dieser verhindert das Eindringen der Feuchtigkeit und hält die Fasern in ihrer Lage fest.

The Bradford Dyers Association, ltd., Bradford, verwenden Lösungen von Zellulosenitrat in Amylformiat (D. R. P. 212 695) oder Amylazetat (D. R. P. 212 696). Die Herstellung ist zu teuer und verleiht der Ware einen unangenehmen Geruch.

Ähnlichen Inhalts sind die D. R. P. 175 664, 182 773, 185 456 und 195 315 von L. Lilienfeld in Wien, 198 480 von J. P. Bemberg A.-G. in Barmen und 222 777 von E. Müller in Berlin.

E. A. Düring in Berlin verwendet Eiweißlösungen, die durch Erhitzen zum Gerinnen gebracht werden (D. R. P. 206 901, 217 679 und 218 566).

J. Eck & Söhne in Düsseldorf verwenden saure Leim- oder Kaseinlösungen, die durch Neutralisieren der Säure zum Gerinnen gebracht werden (D.R.P. 232 568).

F. A. Bernhardt in Zittau verwendet Lösungen von Kautschuk, Harz, Paraffin oder Fetten in Benzol oder ähnlichen Kohlenwasserstoffen, trocknet und dämpft (D. R. P. 233 514).

3. Anwendung gewaltiger Hitze (200—300°) und starken Druckes (bis 150 000 kg) auf dem Riffelkalander.

Die merzerisierten Gewebe werden eingesprengt, heiß nach II kalandert, wieder eingesprengt und durch den „Permanent-Finish-Kalander" geschickt.

Hierher gehören noch die D. R. P. 220 349 und 222 188 von C. Rumpf in Elberfeld, 235 701 von W. Aderholt in Köln, 182 937 von A. G. Rotes Meer in Dornach im Elsaß, und das E. P. 20 645 (1909) von A. J. Palmer in London.

IV. Die Erzeugung von Opal und Transparent.

Seit 1913 werden unter diesem Namen Wäschestoffe aus merzerisiertem Baumwollgewebe hergestellt durch nachträgliche Behandlung mit starker Schwefelsäure.

Mercer hat bereits 1844 beobachtet, daß baumwollene Gewebe durch die Behandlung mit Schwefelsäure 49,5—55,5° Bé transparent und pergamentähnlich werden.

Blondel (Bull. Rouen 1882, 438) beobachtete, daß Schwefelsäure 45—50° Bé der Baumwolle tiefe Anfärbbarkeit mit Methylenblau verleiht, daß dagegen erst Schwefelsäure 53—55° Bé pergamentierend wirkt (Bull. Rouen 1882, 471).

Heberlein & Co. in Wattwil (St. Gallen) haben festgestellt, daß Schwefelsäure über 51° Bé bereits nach sekundenlanger Einwirkung pergamentiert, während Schwefelsäure 50° Bé selbst nach 15 Minuten langer Einwirkungsdauer nicht dazu imstande ist (D. R. P. 280 134).

1. Wird merzerisiertes (und gebleichtes) und dadurch reaktionsfähigeres Baumwollgewebe mit Schwefelsäure 49—50,5° Bé behandelt, so verschwindet der Merzerisierglanz und das Gewebe wird weicher, voller, dichter und wollartiger (D. R. P. 290 444). Die Einwirkungsdauer beträgt wenige Sekunden bis einige Minuten je nach der Beschaffenheit des zu behandelnden Gewebes.

Nach D. R. P. 292 213 kann man die Schwefelsäure auch durch Phosphorsäure 55—57° Bé, Salzsäure 24° Bé, Salpetersäure 43—46 Bé („Philanieren", Bd. II, S. 23) oder 60—70° C warme Zinkchloridlösung 66° Bé ersetzen.

Nach D. R. P. 295 816 ist die Wirkung noch tiefer greifend, wenn man der Schwefelsäure eine abermalige Behandlung mit starker Natronlauge folgen läßt oder wenn man zwischen zwei Schwefelsäuren eine Natronlauge einschaltet.

Derartige nach den vorstehenden Heberleinpatenten hergestellte Ware heißt wegen ihres milchigen Schimmers „Opal".

2. Die Erzeugung von „Transparent" („Glasbatist") haben sich Heberlein & Co. durch die folgenden Patente schützen lassen:

Nach D. R. P. 340 824 wird das Baumwollgewebe mit Merzerisierlauge, also von mindestens 15° Bé oder Schwefelsäure über $50\frac{1}{2}$° Bé unter 0° C solange behandelt, bis die gewünschte Durchscheinigkeit eintritt. Man kann auch Lauge und Säure oder Säure und Lauge aufeinander folgen lassen. Auch ist die Wirkung nach D. R. P. 389 428 tiefgreifender, wenn das Gewebe vorher oder nachher merzerisiert wird.

Zum Beispiel wird merzerisiertes, gebleichtes Gewebe mit Natronlauge 25° Bé bei —12° C $11\frac{1}{2}$ Minuten behandelt, gewaschen, getrocknet, mit Schwefelsäure 53° Bé behandelt, gewaschen, mit Natronlauge 28° Bé bei —10° C 1 Minute behandelt, gewaschen, normal merzerisiert, gewaschen und getrocknet.

Auch Baumwoll garn läßt sich ähnlich veredeln: Gebleichtes Garn wird mit Natronlauge 30° Bé bei —10° C 1 Minute getränkt, gewaschen, unter Spannung mit Natronlauge 30° Bé wie üblich merzerisiert, gewaschen und getrocknet.

3. Behandelt man gröbere Baumwolle, die sonst nicht für Transparent gebraucht wird, nach vorstehendem Verfahren des D. R. P. 430 824, so nimmt sie leinenähnliche Beschaffenheit an, indem sie eine gegen Wäsche beständige Steifheit, eigenartigen Glanz und Festigkeitszunahme annimmt. Die Transparenz verschwindet, was sich daraus erklären läßt, daß eine ganze Anzahl im Innern des groben Fadens gelegener Fasern sich der chemischen Umwandlung entzieht (D. R. P. 391 490).

H. Forster in Bruggen (St. Gallen) hat das Heberleinsche Transparentverfahren dahin abgeändert, daß er erst mit schwacher Schwefelsäure (40—50,5° Bé) 1—3 Minuten und danach mit starker Schwefelsäure (52—54° Bé) unter Gestrecktthalten des Gewebes 3—5 Sekunden behandelt. Zum Schluß wird wie üblich merzerisiert (D. R. P. 360 326).

C. DIE MERZERISATION VON WIRKWAREN

s. S. 83.

Schlauchförmige Wirkwaren lassen sich nach D. R. P. 149 140 von H. Görden in Barmen merzerisieren, wenn man sie nach dem Laugen über einen sich allmählich verbreiternden Spannrahmen zieht. Um die Reibung zu verringern, tragen die Arme des Spannrahmens drehbare Kugeln.

Strümpfe werden gewöhnlich „gärnig", aus zweifachem merzerisiertem Garn gearbeitet (Florstrümpfe).

Seltener werden Strümpfe aus einfachem Garn merzerisiert, sei es, daß sie aus einfachem Garn gewirkt sind, das nicht merzerisiert werden kann, sei es, daß man Ungleichheiten beim späteren Färben begegnen will. Sie werden dann auf Formen gezogen, in die Lauge getaucht, abtropfen gelassen, gespült, gesäuert und gewaschen. Derartige Spannformen beschreiben die D. R. P. 218 774 von A. Martin in Stollberg im Erzgeb., 212 263 und 220 484 von M. Wünschmann in Chemnitz, 228 042 von H. R. Müller in Limbach, 235 661 von P. P. Wolf in Röhrsdorf bei Chemnitz und 269 832 von B. Müller in Chemnitz.

b. Seidenbeschwerung.

I. Geschichte.

Die Seidenbeschwerung ist nachweislich bereits im 17. Jahrhundert geübt worden, da Karl I. sie verbot (Braun, Färb. Ztg. 1904, 1 und Gnehm, Zur Geschichte der Seidenbeschwerung, Färb. Ztg. 1906, 217). Anfänglich wendete man nur vegetabilische Mittel an, für helle Farben Zucker, für dunkle Gerbstoffe mit oder ohne Leim. Etwa 1884 tauchte Zinnchlorid ($SnCl_4$) als Beschwerungsmittel auf. Bald zeigte sich, daß die so behandelte Seide, besonders am Licht, morsch wurde. Dagegen schützte eine Nachbehandlung mit Gerbstoff, und so entstand die sogenannte „gemischte“ (zugleich mineralische und vegetabilische) Beschwerung (Bd. I, 130). Anfang der neunziger Jahre erfand die Krefelder Firma Neuhaus Nachf. das Zinn-Phosphat-Silikatverfahren, das mit geringen Abänderungen sich bis heute bewährt hat. In theoretischer Hinsicht sind die Vorgänge bei der Seidenbeschwerung in den letzten Jahren eifrig erforscht worden, so namentlich von Heermann, Färb. Ztg. 1903—1906, 1910, 386; 1911, 29; T. 1926, 1031, Gnehm und seinen Mitarbeitern, ebendort 1906, 217, Ristenpart, ebendort 1909, 233, A. Feubel, Z. angew. Ch. 1910, 897, E. Stein, Färb. Ztg. 1914, 241, Fr. Fichter und E. Müller, Färb. Ztg. 1915, 253 und H. Ley, Ch. Ztg. 1915, 973 ff.

II. Allgemeines.

Das Beschweren der Seide bezweckt nicht wie bei anderen Gespinstfasern eine Gewichtsvermehrung, sondern in erster Linie eine Volumzunahme des Fadens, um damit eine größere Fläche im Gewebe zu bedecken. Da aber die Gewichtsvermehrung naturgemäß in einem gewissen Abhängigkeitsverhältnis zur Volumzunahme steht und viel einfacher festzustellen ist, so benutzt man sie als Maß. Der Fabrikant schreibt also dem Färber eine gewisse Beschwerungshöhe vor, wobei er ihm einen Spielraum von 10 % bei niederen und 20 % bei höheren Beschwerungen läßt. Leider besteht daneben vielfach eine mündliche Übereinkunft, wonach diese Vorschrift unter allen Umständen zu überschreiten ist. Zudem läßt eine althergebrachte Berechnungsweise die Beschwerungshöhe viel niedriger erscheinen, als sie in Wirklichkeit ist. Sie wird nicht auf das Gewicht der tatsächlich vorhandenen Seide, sondern auf das der Rohseide, also einschließlich des gar nicht mehr vorhandenen Bastes bezogen. Das Gewicht der Rohseide bezeichnet man mit pari. Die aus 100 Teilen Rohseide nach dem Abkochen erhaltenen 75 Teile bezeichnet man dementsprechend als 25 % unter pari und, wenn sie mit 75 Teilen Beschwerung behaftet wurden, als 50 % über pari beschwert.

Die Seide wird hauptsächlich im Strahn beschwert, seltener im Stück, da hier der eigentliche Zweck, die größere Raumerfüllung der beschwerten Fäden, besonders bei dichten Geweben nicht mehr recht zur Geltung kommen kann. Farbige Organsin wird bis 50/60, Tram bis 70/80, schwarze Organsin bis 140/150, Tram bis 180/200 vorgeschrieben. Ganz unerschwert bleibt heute wohl nur noch Seide für Schirm- und Fahnenstoffe, Stickereien und Effektfäden u. ä.

III. Eigenschaften.

Natürlicherweise vermindern die in der stark aufgetriebenen Faser abgelagerten Fremdkörper den Zusammenhalt und die Festigkeit. Besonders am Licht werden beschwerte Seidenstoffe schnell morsch. Nach Meister (Ch. Ztg. 1905, 723) und Ristenpart (Z. angew. Ch. 1909, 18) wird die Seide nicht chemisch zersetzt, da sie nach dem Abziehen der Beschwerung durch chemische Lösungsmittel wieder kräftig und haltbar ersteht.

Meister hat auch zuerst im Jahre 1902 (Z. angew. Ch. 1911, 2392) in der Nachbehandlung beschwerter farbiger Seide mit Rhodansalzen ein Mittel angegeben, um die etwa seit 1898 gleich einer ansteckenden Krankheit auftretenden „roten Flecken" wirksam zu bekämpfen. An diesen Stellen war die Seide vollständig morsch geworden. Da sich jedesmal Kochsalz nachweisen ließ, so lag der Schluß nahe, daß die Berührung mit schweißigen Händen die erste Ursache für die Zerstörung des Stoffes an den betreffenden Stellen gewesen war. Größere Sauberkeit in den Webereien und die erwähnte Nachbehandlung mit Schutzmitteln — heute verwendet man 5—15 g Thioharnstoff im Liter nach Gianoli — sogenannte „Solidfärbung", haben die gefürchtete Erscheinung fast vollständig verschwinden lassen.

IV. Ausführung.

1. Man stellt auf Zinnchlorid (Pinke) (Bd. I, 266) 30° Bé für Cuit nahezu neutral, für Souple etwa ½—1 % HCl im Überschuß. Dadurch bleibt der Souple oberflächlich reiner und glänzender und läßt sich auch besser spulen. Nach einstündigem Tränken mit Zinnchlorid wird in mit Kautschuk ausgelegten Zentrifugen stark ausgeschleudert und auf der Waschmaschine, Bd. II, 277 und Bd. III, 77, gewaschen. Dabei wird das Zinnchlorid in auf der Faser zurückbleibendes Zinnhydroxyd und in das Waschwasser gehende Salzsäure hydrolytisch gespalten.

Es läßt sich aber nicht vermeiden, daß ein großer Teil des Zinnchlorids bereits vor der hydrolytischen Spaltung von der Faser heruntergewaschen wird. Das bedeutet einen starken Verlust an dem teuersten Beschwerungsmittel, selbst wenn dieses aus den Waschwässern nach Bd. I, 88 zurückgewonnen wird. Ristenpart hat 1914 gefunden, daß dieser Verlust nur noch ganz gering wird, wenn die geschleuderte Seide unter Bewegung an der Luft getrocknet wird. Da dabei das Zinnchlorid von der Oberfläche in das Innere der Faser wandert, lagert sich auch das daraus abgeschiedene Zinnhydroxyd mehr im Innern ab. Die Oberfläche bleibt reiner, glänzender. Die Seide färbt sich gleichmäßiger und läßt sich anstandslos spulen.

2. Die geschleuderte Seide wird dann durch eine Lösung von Natriumphosphat (Bd. I, 167), für weiß und farbig 8—10° Bé, für schwarz 5° Bé stark, bei 60° gezogen. Die Alkalität des laufend gebrauchten Bades wird durch Nachgeben der durch Titration ermittelten Menge Soda oder Natronlauge auf der gleichen Höhe gehalten. Nach einer Stunde wird geschleudert und auf der Wanne gewaschen.

Um Zinn und Arbeit zu sparen, hat man Pinkzentrifugen gebaut, z. B. Gebr. Heine, Viersen und C. G. Haubold, Chemnitz. Die Seide wird in die Trommel eingelegt und das Zinnchlorid aus einem höher stehenden Behälter in dem Maße in die Mitte der Trommel zulaufen gelassen, wie es die Seide durchdringt und der Schleuderkraft folgend die sich langsam drehende Siebtrommel verläßt. Nach etwa einer Stunde wird der Zulauf unterbrochen, in derselben Trommel stark ausgeschleudert, herausgenommen und gewaschen. In ähnlicher Weise wird die gepinkte Seide auf Schleudermaschinen der Firma Gebr. Heine phosphatiert (D. R. P. 202 489 und 212 261).

Die Beschwerung mit Zinnchlorid und Phosphorsäure in einem Bad nach D. R. P. 468 017 erscheint aussichtslos.

Nach W. Stockhausen (Seide 1929, 448) wird bei der Phosphatierung von der in der Seide befindlichen Zinnsäure Natriumphosphat adsorbiert.

Die Behandlung bis hierher nennt man einen Zug. Mit einem Zug erhält man pari, mit 2 Zügen 20—35 %, mit 3 Zügen 50—65 %, mit 4 Zügen 80—100 % Beschwerung über pari, wobei sich jedesmal an die betreffende Anzahl von Zügen eine Behandlung mit Tonerde und Wasserglas anschließt. Will man Zwischenstufen in der Beschwerung haben, so erniedrigt man die Stärke der Zinnbäder, z. B. auf 20° Bé. In Rücksicht zu ziehen hat man außerdem die Seidengattung. Am leichtesten beschwert sich Japanseide, dann folgen Mailand-, China-, Kantonseide usw. Ausschlaggebend ist dabei natürlich die Höhe des Bastverlustes beim Abkochen. Deshalb fällt auch Souple immer weit höher in der Beschwerung aus wie Cuit.

3. Nach dem Phosphatbad wird die gewaschene Seide auf Aluminiumsulfatlösung 5° Bé 40° warm aufgestellt. Auch dieses Bad wird laufend gebraucht und muß bei Verwendung harten Wassers jeweils vom ausgeschiedenen Kalziumsulfat abgezogen werden. Nach

einer Stunde wird aufgeworfen und auf der Waschmaschine (Bd. I, Abb. 178) gewaschen.

4. Schließlich wird eine Stunde auf Wasserglas 4° Bé 40° umgezogen. Diese Bäder werden 2—3mal unter entsprechender Verstärkung gebraucht. Sie sollen nicht stärker als nach obiger Vorschrift angewendet werden, da dies nur auf Kosten der Haltbarkeit der Seide geschieht, ohne daß sich deshalb mehr Kieselsäure der Faser einverleiben würde. Für Schwarz („Monopolschwarz") geht man sogar bis auf 1° Bé herunter, um der Seide nicht die Zugkraft auf dem späteren Katechubad zu nehmen; auch entfällt dann die vorherige Behandlung mit Aluminiumsulfat.

Nach W. Stockhausen (Seide 1929, 448) wird auch Natriumsilikat von der in der Seide befindlichen Zinnsäure adsorbiert, das Alkali wird beim Waschen abgespalten, Kieselsäurehydrat bleibt auf der Faser zurück.

Nach dem Wasserglas wird auf einem fetten Seifenbad bei 50—60° die nur oberflächlich befestigte Beschwerung wieder heruntergezogen, für farbig mit Schwefelsäure abgesäuert und ein Wasser gegeben. In diesem Zustand darf die Seide unbeschadet 1—2 Tage feucht liegen bleiben, bis die betreffende Partie in der Färberei an die Reihe kommt. Die für Weiß und Schwarz bestimmte Seide muß dagegen, da sie vom Schlußseifenbad kommt, der weiteren Behandlung so bald wie möglich zugeführt werden, soll nicht Schimmelbildung und Faserschwächung eintreten.

5. Die für Schwarz bestimmte Seide wird nun noch vegetabilisch beschwert mit Katechu und Blauholz (Bd. III, 81), neuerdings mit Blauholz, namentlich nicht oder wenig oxydiertem Extrakt allein (Bd. III, 82). Man hat gefunden, daß Katechu die Aufnahmefähigkeit der Seide für Hämatoxylin herabsetzt, ebenso wie Katechu selber durch reichlich vorhandene Phosphor- und Kieselsäure am Aufziehen auf die Faser verhindert wird.

6. Souple wird in der gleichen Weise beschwert; nur werden Stärke und Temperatur der Phosphat- und Wasserglasbäder mit Rücksicht auf die Erhaltung des Bastes ermäßigt. Auch erhält man ja sowieso ein höheres Gewicht als bei Cuit.

Über Blauholzschwarz auf Souple s. Bd. I, 132; III, 73—76.

7. Neben dem geschilderten Schwerschwarz ohne Eisen mit weißer Asche läuft noch einher das alte blaugemachte Schwarz mit Eisen und rotbrauner Asche (Bd. III, 78). Es hat sich in natürlicher Weise aus dem Färbeschwarz entwickelt, das auf einen Grund von Eisenbeize Blauholz aufsetzte.

8. Schappe wird weniger hoch erschwert als Seide. Über Blauholzschwarz auf Schappe s. Bd. III, 83.

9. Die rein vegetabilische Beschwerung wird mit Zucker nur noch ganz selten, mit Gerbsäure dagegen auch heute noch für farbige Seiden ausgeführt.

Zucker oder Glukose gibt man (in die Avivage), wenn die nach anderm Verfahren ausgeübte Beschwerung um wenige Prozente hinter der Vorschrift zurückgeblieben ist. Zur Abwehr der Fliegen von der so gezuckerten Seide fügt man wohl etwas Bittersalz oder Magnesiumchlorid hinzu. Im günstigsten Fall kann man so der Beschwerung noch um 10 % nachhelfen.

Die Gerbsäurebeschwerung hat sich aus der Schwarzfärberei entwickelt, in der man schon lange Gerbstoffe, wie Katechu-, Kastanien- und Sumachextrakt u. a. zum Färben unter gleichzeitiger Beschwerung verwendete. Für helle Farben verwendet man 100—200 % Gallusextrakt 25° Bé, für dunkle ebensoviel Sumachextrakt 30° Bé, die dem heißen Färbebad zugegeben werden, nachdem man nahezu nach Muster gekommen ist. Dabei hat man dem Eigenfarbstoff namentlich des Sumachs Rechnung zu tragen und muß unter Umständen (in der anschließenden Avivage) noch entsprechend abtönen. Aus demselben Grund kann man diese vegetabilische Beschwerung für Weiß und ganz helle Farben nicht gebrauchen; auch erzielt man für Cuit nur pari, für Souple nur 20—30 % über pari. Dafür aber darf diese Beschwerungsart als die dauerhafteste und für die Echtheit der Farbe vorteilhafteste angesprochen werden (Bd. I, 130).

V. Untersuchung beschwerter Seide.

Der Nachweis der Beschwerung ist für die mineralische Beschwerung leicht durch eine Veraschung zu führen. Die Gerbsäurebeschwerung verrät sich durch die Dunkelfärbung mit Eisen.

Die Bestimmung der Höhe der Beschwerung kann nach verschiedenen Verfahren erfolgen. Allgemein anwendbar ist die Stickstoffmethode nach Kjeldahl (O. Steiger und H. Grünberg, Qualitativer und quantitativer Nachweis der Seidenchargen, Zürich 1897; Gnehm und Dürsteler, Färb. Ztg. 1906, 233). Gute Zahlen erhält man nach der Abziehmethode mit Fluorwasserstoffsäure (Gnehm und Weber; A. Müller und Zell, Färb. Ztg. 1906, 233 ff.) oder Salzsäure (Ristenpart, Färb. Ztg. 1907, 273; 1908, 34; 1909, 126). Die Aschenbestimmung gestattet namentlich an Hand von empirisch aufgestellten Tabellen einen ziemlich richtigen Schluß auf die Höhe der Beschwerung bei farbigen und weißen Seiden. Weniger genau sind die rein physikalischen Methoden, die das Gewicht eines Meters Kokonfaden der zu untersuchenden Seide ermitteln und in Beziehung setzen zum Gewicht eines Meters Rohfaden, da letzteres je nach Seidengattung großen Schwankungen unterworfen ist (Färb. Ztg. 1907, 298).

Über die Untersuchung schwarzgefärbter Seide s. Bd. III, 84.

Übersicht der Aschen beschwerter Seiden.

1. Cuit bunt.

Beschwerungshöhe	90/pari	pari/10	10—20	20—30	30—40	40—50	50—60	60—70
Asche in %	15—16	19—20	24—25	30—31	32—33	35—37	38—39	40—43

2. Souple bunt.

Beschwerungshöhe	20—30	40—50	50—60	70—80
Asche in %	23—24	30—31	34—35	38—39

c. Herstellung wasserdichter Stoffe.

Man unterscheidet die wasserdichten Stoffe in zwei Arten, je nachdem das Gewebe zugleich luftdicht, also luft- und wasserdicht, oder nur porös-wasserdicht ist.

I. LUFT- UND WASSERDICHTE GEWEBE.

Hier wird das Gewebe auf seiner ganzen Fläche ein- oder beiderseitig mit einer undurchlässigen Schicht überzogen, die die Poren verschließt und das Gewebe luft- und mehr oder weniger lichtdicht macht. Von dem guten Verschluß der Poren überzeugt man sich, indem man das Gewebe gegen das Licht hält. Natürlich ändert beim Luft- und Wasserdichtmachen das Gewebe sein Äußeres vollständig. Es bildet ge-

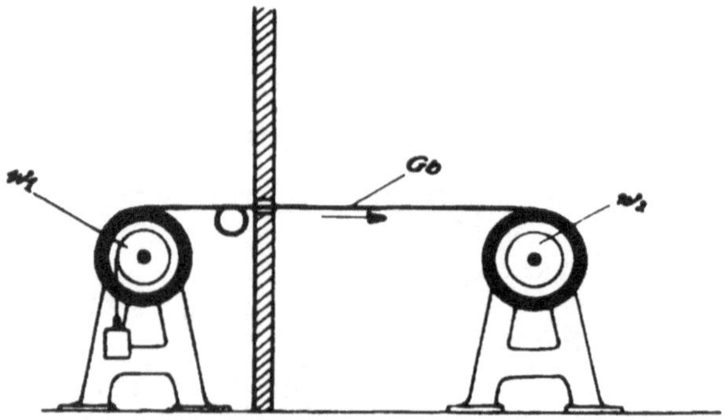

Abb. 91. Streichen von Hand.

wissermaßen nur das Gerüst für die aufzutragende Masse, unter der es oft vollständig verschwindet. So z. B. beim Linoleum (S. 116), Leder- und Wachstuch (S. 118), und der Kautschukleinwand. Andere luft- und wasserdichte Gewebe sind Segeltuch, Wagendecken, Plachen, Wasserschläuche, Traggürtel und Luftballonhüllen.

Die wasserabstoßende Masse wird einseitig entweder von Hand oder mittels Maschine aufgestrichen.

Bei der Handarbeit (Abb. 91) nehmen zwei Arbeiter zu beiden Seiten der Gewebebahn *Gb* ihren Stand und tragen mit flachen, starkborstigen Pinseln die Masse mit der einen Hand auf; mit der anderen fahren sie mit einem Lineal über die soeben bestrichene Stelle und schieben den Überschuß nach der noch zu bestreichenden Stelle hin. Dabei wickelt sich das Gewebe unter Spannung von einer Walze w_1 auf der einen Seite ab und auf eine zweite Walze w_2 auf der anderen Seite auf.

Die Streichmaschinen (Abb. 92) haben über dem Gewebe den sogenannten Verteiler *V* für den gleichmäßigen Zufluß der erforderlichenfalls durch Erwärmen dünnflüssig gemachten Masse. Ein etwaiges Zuviel wird durch einen Abstreicher entfernt oder durch Abpressen zwischen einem heizbaren Walzenpaar *hw*; auch kann man sich einer Vorrichtung bedienen, wie sie S. 42 unter α) und β) beschrieben ist.

Für beiderseitige Tränkung dient die Pflatschmaschine (Bd. III, 370).

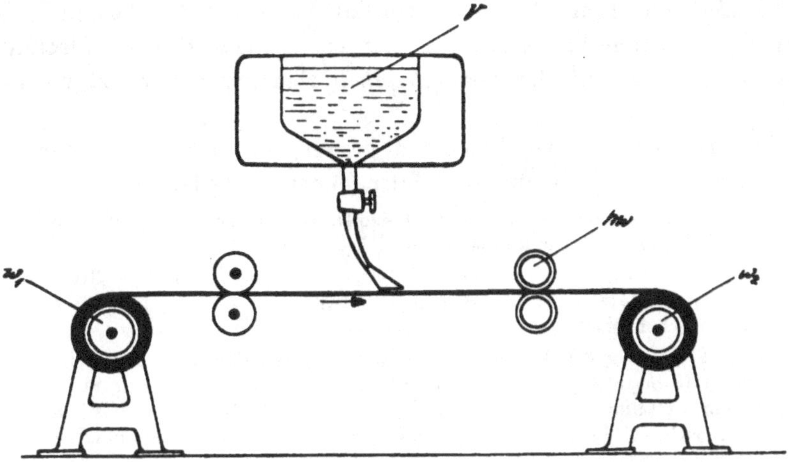

Abb. 92. Streichen mit der Maschine.

Die chemischen Hilfsmittel lassen sich in folgende Gruppen einteilen, wobei allerdings nicht vergessen werden darf, daß zuweilen auch Angehörige verschiedener Gruppen miteinander gemischt werden, soweit ihre chemische Natur dies gestattet.

1. Öle, Fette, Harze.

Hier findet besonders der Leinölfirnis in ausgedehntem Maße Anwendung. Er sei möglichst frei von Fremdstoffen, schnell trocknend, nicht nachklebend und recht dick gekocht. Der aufgetragene Firnis wird bei 60—80° unter ständiger Lufterneuerung getrocknet. Das gefirnißte, mehr oder weniger gelbe Gewebe kann mit Fettfarbstoffen nachgefärbt werden; weniger gut setzt man dem Firnis von vornherein Erdfarben zu, da diese sich nicht gut damit mischen. Der an sich harte und daher das Gewebe leicht brüchig machende Firnis wird durch Zusatz nichttrocknender Öle geschmeidiger, dafür aber weniger gut trocknend.

Harze geben einen mehr glänzenden firnisartigen Überzug. So schreibt Cassella (Nr. 3707, 31) für das Wasserdichtmachen von Papiergeweben vor:

100 kg Kolophonium werden in 20 l Benzol unter Erwärmen gelöst, 100 kg Lithopone eingetragen und 30—40 l Holzteer eingerührt.

Die Öl- und Fetttränkung hat große Bedeutung für die Erzeugung von Linoleum, Leder- und Wachstuch, sowie Buchbinderleinen.

α. Linoleum.

Große Bedeutung als Fußbodenbelag hat das Linoleum. Grobmaschiges Jutegewebe erhält auf der einen Seite Linoleumdeckmasse heiß aufgewalzt, auf der anderen einen Überzug von meist roter Ölfarbe.

Die Linoleumdeckmasse besteht aus Linoleumzement, der mit Kork- oder Holzmehl zusammengeknetet wurde.

Der Linoleumzement wird aus Leinölfirnis und Harzen zusammengeschmolzen (z. B. 80 kg Linoxyn, 15 kg Kolophonium, 5 kg Kaurikopal).

Der Leinölfirnis wird durch Erhitzen von Leinöl mit 2 % Bleioxyd oder Mennige als Sauerstoffüberträger erhalten und darauf mit Luft zu Linoxyn, einer braunen, elastischen Masse vom spez. Gew. 1,07, oxydiert.

Durch Steigerung der Temperatur bis 280° C unter gleichzeitigem kräftigen Einblasen von Luft nach Parnacott-Taylor erhält man Schwarzöl. Dieses ist im Gegensatz zu Linoxyn dunkel, weich und klebrig, riecht brandig und ist unmittelbar verwendbar, während Linoxyn vorher mit Harzen als Bindemittel verschmolzen werden muß.

Linoleumdeckmasse wird nach F. Fritz (Ullmann Bd. VII, 362) etwa folgendermaßen zusammengesetzt:

	Einfarbige, kg	Schwarzöl-, kg	Granit-, kg	Inlaid-Ware kg
Korkmehl	10	10		
Holzmehl			10	10
Zement	8		8	10
Schwarzöl		6		
Ocker	4	1,4		
Farbstoffe			3—5	3—6

Die Masse ist wegen des Linoxyn- und Harzgehaltes alkaliempfindlich. Daher dürfen keine Oxyde in den Farbstoffen enthalten sein, die sich mit den Fett- und Harzsäuren verbinden könnten, insbesondere Zink- und Magnesiumoxyd, Kalzium- und Bariumoxyd, Lithopone. Auch darf das fertige Linoleum nicht mit laugischem Wasser gewaschen werden.

Die Masse wird durch drei Wurstmacher, ähnlich denen der Fleischerei, gemischt. In dem Zweiwalzwerk *z* (Abb. 93) fällt sie zwischen die vordere heiße und die hintere kalte Walze, bleibt an dieser mantelartig haften und wird von der schnell umlaufenden Stachelwalze k in feinen Körnern abgekratzt. Von da fällt sie in den Mund der Kalanderwalzen, zwischen denen das vom Wickel w_1 kommende Jutegewebe durchläuft. Die Walze r ist geriffelt und gekühlt, die Walze g ist glatt und auf 110° geheizt. g dreht sich etwas schneller. Dadurch wird die 2—10 mm dicke Schicht friktioniert. Zugleich kommt durch die Hitze das Fett fast zum Schmelzen und an die Oberfläche. Das folgende erwärmte Walzenpaar wp glättet weiter. Die kupferne Kühltrommel T bringt die Masse zum Erstarren.

Die Linoleumbahn steigt dann zur Rückseitenfärbemaschine. Hier wird sie von den Zugwalzen z_1 und z_2 über das um kleine Walzen gespannte Gummituch gu gezogen. Ein Abstreich-

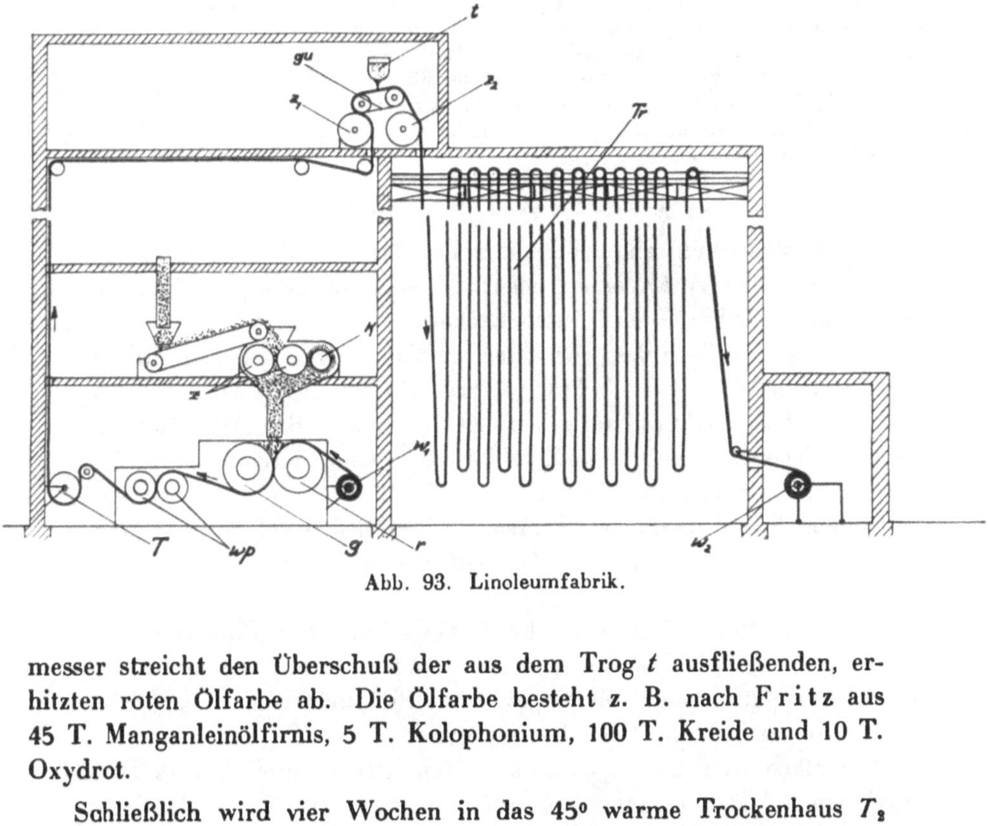

Abb. 93. Linoleumfabrik.

messer streicht den Überschuß der aus dem Trog t ausfließenden, erhitzten roten Ölfarbe ab. Die Ölfarbe besteht z. B. nach Fritz aus 45 T. Manganleinölfirnis, 5 T. Kolophonium, 100 T. Kreide und 10 T. Oxydrot.

Schließlich wird vier Wochen in das 45° warme Trockenhaus T_2 gehängt, nach dem Trocknen auf w_2 aufgerollt, auf 35 m langen Tischen durchgesehen, kantengerade geschnitten und in Rollen von 30 m Länge abgelagert.

Farbige Muster werden durch Aufdruck von Ölfarben hergestellt, bei Teppichen von Hand, bei Läufern mit der Flachdruck- oder Rotationsmaschine.

Sogenannte Granitmusterung erhält man durch Auftragen verschiedenfarbigen, gekörnten Linoleumstoffes auf Jutegewebe, das dann weiterhin durch einen Kalander ohne Friktion läuft.

Maserung erhält man, wenn das Gewebe mit verschiedenfarbigem Auftrag durch den gewöhnlichen Kalander mit Friktion geht.

Sogenanntes Inlaid, d. h. Linoleum mit eingelegten Mustern, erhält man in Deutschland nach dem Schablonenverfahren. Das Jutegewebe ruht auf einem endlosen Transportband, das seinerseits auf einem 15 m langen Tisch ruht. Das Gewebe wird mit Schablonen zugedeckt, die nur da durchlocht sind, wo es das Muster verlangt. Auf der Schablone wird der feingekörnte Linoleumstoff mit einem Streichblech hin- und hergestrichen, die Schablone hochgehoben und das Gewebe um Musterbreite weitergerückt. Dann wird die Schablone wieder gesenkt und wieder gestrichen usw. Jede Farbe im Muster erfordert eine Schablone. Durch einen Druck von 80 kg auf 1 cm^2 in einer heißen hydraulischen Presse wird der noch lockere Auftrag zusammengeschweißt und durch zweimaliges Anpressen gegen eine mit Paraffin eingeriebene heiße Stahlplatte geglättet und geglänzt. Schließlich wird wie oben getrocknet.

Amerikanischer und englischer Inlaid wird nach dem Ausstanzverfahren hergestellt. Die verschiedenfarbigen Figuren des Musters werden aus einfarbigen Linoleumplatten gestanzt, auf dem Jutegewebe zusammengesetzt und in einer hydraulischen Flachpresse zusammengeschweißt.

Der Wert der deutschen Linoleumerzeugung betrug 1912 36 Millionen Mark. Von den sieben Fabriken haben sich 1926 sechs zu der Deutsche Linoleumwerke A.-G. vereinigt.

β. Leder- und Wachstuch.

Große Bedeutung als Lederersatz hat das Leder- und Wachstuch. Baumwollgewebe erhält einen Überzug (bei Wachstuch auch beiderseitig) von Leinölfirnis und fetten Lacken.

Das Baumwollgewebe, roh oder gefärbt, wird zunächst auf der Putzmaschine mit Scher-, Schmirgel- und Bürstwalzen geputzt. Darauf wird kalandert auf dem Rollkalander (Bd. III, 409) mit zwei Papierwalzen und einer Stahlwalze. Dann wird gestrichen von Hand oder mit der Streichmaschine (S. 115), ähnlich der oben erwähnten Rückseitenfärbemaschine. Schließlich wird in der Hänge bei 50—90° getrocknet. Während des mehrstündigen Trocknens entweichen üble Abgase.

Die getrocknete Ware wird durch Ausziehmaschinen aus der Hänge herausgezogen, mit Talkum eingestäubt, damit sie nicht klebt und über Holztrommeln mit eingekitteten Bimssteinen geschliffen. Dann wird noch durch Kalander geglättet.

Ledertuch wird noch genarbt. Man läßt es unter hohem Druck durch einen Kalander gehen, dessen Stahlwalze die Narbe als Negativ trägt und beim vorherigen Leerlauf auf die beiden durchnäßten Papierwalzen eingeprägt hat. Die Narbung geht aber später wieder etwas zurück. An dieser Unvollkommenheit der Prägung kann man Ledertuch von echtem Leder unterscheiden. Nur wenn die letzten Striche mit Kopallack gemacht werden, bleibt die Prägung scharf wie bei Leder.

Wachstuch wird zum Schluß noch mit Ölfarben bedruckt, in der Hänge getrocknet und auf der Streichmaschine lackiert.

Der Leinölfirnis wird mit Farbstoffen (Lithopone, Chromgelb, Berlinerblau, Ruß und Teerfarbstofflacken) und Verdünnungsmitteln (Benzin) vermischt. Für die oberen Anstriche („Gründe") muß besonders fein gemahlen werden.

Wachstuch ist ein begehrter Ausfuhrartikel. Nach G. Durst (Ullmann, Bd. VII, 278; T. 1929, 384) betrugen Ein- und Ausfuhr Deutschlands in Tonnen 1910 332 und 1263, 1913 296 und 1723, 1926 52 und 1168.

γ. Buchbinderleinen.

Nur beschränkt wasserdicht ist das Buchbinderleinen. Hier soll leichtes Baumwollgewebe nur soweit abgedichtet werden, daß der beim Einbinden des Buches verwendete Kleister nicht durchschlägt. Man trägt einen Stärkekleister auf, dem Erdfarbstoffe und Fette beigemischt sind, mittels Streich- oder auch Friktionsstärkemaschine (Bd. III, 411), kalandert heiß und unter Druck. Zum Schluß kann man lederartig machen, indem man durch Dämpfen geschmeidig macht und auf dem Preßkalander narbt. S. a. G. Durst, T. 1923, 232.

2. Viskose Lösungen von Zellulose und ihren Estern.

Viskose selber macht fester und ist daher für Papiergewebe vorgeschlagen worden. Zusätze von Rizinusöl und Steinölrückständen erhöhen die Wasserabstoßung.

Eine oberflächliche Lösung von Zellulose erhält man, wenn man das Gewebe durch Kupferoxydammoniak nimmt (Bundesmann, M. f. Textilind. 1929, Fachheft III, 137). Das getränkte Gewebe läuft sofort durch eine Trockenmansarde und darauf über eine Trommeltrockenmaschine mit 12—20 Zylindern. Das Gewebe überzieht sich mit einem grünen Film, der es nicht nur wasser- und luftdicht, sondern auch schimmelbeständig macht, aber durch Sonnenlicht gebleicht und zerstört wird.

Vorteilhaft verwendet man ein Kupferoxydammoniak, in dem bereits Baumwoll-, Seiden- oder Pergamentabfälle gelöst sind; auch kann man durch metallisches Zink zu Zinkoxydammoniak entfärben (D. R. P. 50936 von Hime).

Kunstleder (Pegamoid).

Zellulosenitrat — nach Befeuchtung mit 50 % Butylalkohol nicht mehr zerknallbar — gelöst in Methyl- oder Äthylessigester oder Gemisch E 13 und E 23 der I. G. und mit Alkohol, Benzin, Benzol verdünnt) und auf Baumwollgewebe aufgestrichen ergibt das Pegamoid oder Kunstleder. Handelsnamen sind Glorid, Pluviusin, Granitol, Dermatoid. S. a. Bd. II, 26.

Um dem Kunstleder die Härte zu nehmen, setzt man Weichmachungsmittel zu, wie Rizinusöl, das aber leicht ausschwitzt, Trikresylphosphat, dessen Kresol aber leicht frei wird und bei Berührung mit der Haut z. B. in Hüten Entzündungen hervorruft, ferner Estergemische (Plastol und Plastomoll der I. G.) (W. Munzinger, T. 1930, 117).

Die Mischung von 10 T. Zellulosenitrat, 10 T. Weichmachungsmittel und 2—10 T. Erdfarbstoff wird verrührt und aufgestrichen; sie enthalte 5—30 % Zellulosenitrat vom Lösungs- und Verdünnungsmittel.

Getrocknet wird auf 10—30 m langen dampfgeheizten und verschalten Eisentischen bei 50—85°. Dabei werden die Lösungsmittel zurückgewonnen, entweder durch Kondensation an wassergekühlten Röhren über oder unter den Heiztischen oder an der wassergekühlten Verschalung oder durch Absaugung. Die abgesaugten Dämpfe werden entweder unter Druck und Kühlung verflüssigt oder in Adsorptionsmitteln verschluckt. Als solche dienen aktive Kohle (D. R. P. 310092 von Bayer) oder Kresol (nach Brégeat, Kunststoffe 1920, 155; 1921, 77, 146).

Man gibt 3—10 Striche, die untersten dünnflüssig, die obersten hart.

Zum Schluß wird abgekühlt, auf dem Gaufrierkalander gepreßt, ähnlich den Narben des Ledertuchs, und lackiert.

Als Ersatz des Zellulosenitrats sind Zelluloidabfälle vorgeschlagen worden. Zelluloid ist aber infolge von Salpetersäureabspaltung weniger stabil.

Zelluloseazetat (Zellon, Zellit, Bd. II, 242) hätte den Vorzug der Unentflammbarkeit (S. 00), ist aber zu teuer.

Zellulosestearat wird nach dem D. R. P. 521029 von A. Nathanson durch Einwirkung von geschmolzenem Stearinsäurechlorid oder -anhydrid auf das Gewebe gewonnen. Man kann die Veresterungsmittel auch in Lösung oder Emulsion aufbringen und warm verhängen (D. R. P. 525300).

Literatur: P. Gerhards, Kunstleder, T. 1923, 81.

3. Leim, Eiweiß, Kasein u. dgl.

in gehärteter, unlöslich gemachter Form. Durch die Härtung — Leim mit Aluminiumsulfat oder Gerbstoffen oder Bichromat und nachfolgende Belichtung, alle drei mit Formaldehyd — geht die Quellbarkeit nicht vollständig verloren; auch ist die Sprödigkeit in trockenem Zustande so groß, daß die damit imprägnierten Stoffe leicht brechen und splittern (Steinitzer, Kunststoffe 1912, 3). Sie müssen daher erst durch Beimischung von Paraffin, Stearin, Fetten und Ölen wasserfest und geschmeidig gemacht werden.

4. Asphalt, Bitumen, Teer

(nachdem er durch Erhitzen bis an 300° von den Leichtölen befreit ist). Diese Stoffe sind billig zu haben und werden allein oder zusammen mit Angehörigen der vorigen Gruppen, namentlich zur Herstellung von Wagenplachen und Eisenrohrisolierungen verwendet. Für bessere Artikel sind sie wegen des Abrußens und bereits bei gelinder Wärme beginnenden Klebens nicht brauchbar. Um diese unangenehmen Eigenschaften zu verringern, trägt man z. B. bei Dachpappen oberflächlich eine Kiesschicht auf.

Der Teer wird in der Regel nur einseitig aufgetragen von Hand (Abb. 91) oder mit der Maschine (Abb. 92). Danach wird in Trockenkammern gehängt, durch welche warme Luft streicht und die üblen Gerüche mitnimmt. Das Teertuch wird immer aufgerollt und nicht zusammengelegt aufbewahrt. Es ist sehr leicht brennbar.

5. Kautschuk, Guttapercha, Balata.

Man verwendet diese Kohlenwasserstoffe, $(C_5H_8)_x$, in Gestalt der Gummimilch (Latex), entweder wie sie beim Anritzen tropischer Pflanzen gewonnen wird oder nach vorheriger Verdickung. Man verwendet aber auch den geronnenen Kautschuk.

Der Rohkautschuk entstammt hauptsächlich der zur Familie der Euphorbiazeen gehörigen Hevea brasiliensis, die Guttapercha und Balata gehören zur Familie der Sapotazeen.

Der Kautschuk ist in der Milch als irreversibles (nicht zurückkehrendes) Kolloid vorhanden. Neben ungefähr 35 % Kautschuk finden sich noch 1—2 % azetonlösliche Harze, 2 % Eiweiß und 0,5 % Asche. Die Reaktion ist nur ganz schwach sauer, $P_H = -6$. Die Kautschukteilchen sind ultramikroskopisch klein bis zu 5 µ. Die Milch gerinnt beim Sauerwerden. Sie bleibt erhalten bei Gegenwart von Alkalien, sowie Borsäure und Formaldehyd. Sie läßt sich dann eindicken, und zwar durch Schleudern oder Filtern oder Verdampfen.

Durch Eindampfen bei Gegenwart seifenartiger Schutzkolloide erhält man eine 75 %ige weiße Paste, den Revertex der Kautschukgesellschaft in Frankfurt a. M. Durch Eindampfen bei 70—80° bei Gegenwart des Schutzkolloids Kasein und unter Zusatz von vulkanisierendem Schwefel erhält man Vultex der Vultex Ltd. und der Vultex Products Ltd. London nach dem Verfahren von Schidrowitz. Derartig vulkanisierten Latex nennt die Kautschukgesellschaft Revultex (W. Struwe T. 1931, 701). Das Revultexverfahren ist besonders wertvoll für feine Gewebe und Farben, die das heiße nachträgliche Vulkanisieren nicht aushalten würden. Außerdem erspart es die Bereitung des Rohgummis, seine Mastikation (Durchknetung), seine Auflösung und schließlich die nachträgliche Vulkanisation.

Die 1838 von Ch. Goodyear und, unabhängig davon, 1843 von Th. Hancock erfundene Vulkanisation in der Hitze mit Schwefel oder nach A. Parkes (1846) mit Schwefelchlorür in der Kälte oder nach Peachey (1921) in einem Gasgemisch von Schwefelwasserstoff und Schwefeldioxyd nimmt dem Rohgummi seine klebenden Eigenschaften und macht ihn elastisch und unempfindlich gegen Temperaturunterschiede.

Mit Ammoniak beständig gemacht und eingedickt ist das 60 %ige Latex der Deutschen Dunlop Gummi Compagnie in Frankfurt a. M.

Der Latex wird vor dem Aufstreichen noch mit Füllstoffen gemischt, z. B. Kaolin (S. 23), ferner mit Farbstoffen, z. B. Kreide, Zinkoxyd, Lithopone, Ocker, Ultramarin und Vulkan- oder Vulkaforfarbstoffe (Teerfarbstofflacke).

Struwe gibt z. B. folgende Vorschriften für

	Weiß	Gelb	
Lithopone Rotsiegel	288	189,2 g	
Vulkanechtorange RN	—	47,3 g	
China Clay	120	165,3 g	anteigen mit
Wasser	144	153,6 g	
Kaseinlösung 15 %ig	24	23,6 ccm	
Revertex	408	402 g	
Schwefel	3,2	6 g	
Zinkoxyd	12,1	11,8 g	
Vulkazit P + Vulkazit 774	0,7		
Vulkazit P		1,2 g	
	1000,0	1000,0 g	

Sämtliche Füllmittel und Farbstoffe müssen frei von Kupfer und Mangan sein, da diese den Kautschuk schnell altern lassen und zermürben. Das vulkanisierte Gewebe darf nicht mehr als 0,005 % Cu enthalten.

Zur Prüfung auf Kupfer verascht man 10 g im Porzellantiegel, übergießt mit konzentrierter Salzsäure, setzt 2 g Kaliumchlorat hinzu und verdampft zur Trockne. Diese Behandlung der Asche wird wiederholt und der Tiegelinhalt mit etwas verdünnter heißer Salzsäure im Becherglas gekocht und gefiltert. Durch Schwefelwasserstoff wird CuS gefällt, darauf gefiltert, gewaschen, getrocknet, verascht und nach Bd. II. 30 das Kupfer kolorimetrisch bestimmt.

Die ammoniakalische Kaseinlösung dient als Schutzkolloid (Stabilisator), damit der Latex nicht gerinnt.

Man sucht mit möglichst wenig Stabilisator auszukommen und stellt zu diesem Zwecke kleine Vorversuche an. Überhaupt prüfe man das Verhalten sämtlicher Bestandteile durch einen Alterungsversuch im kleinen. Man stellt sich einen kleinen Gummifilm her und bestimmt Reißfestigkeit und Dehnbarkeit. Danach unterwirft man die Probe einer künstlichen Alterung durch fünf Tage langes Erhitzen auf 90° und reißt wieder.

Füll- und Farbstoff werden mit (möglichst wenig) Wasser so lange verrührt, bis keine Knollen mehr zu fühlen sind. Erst dann setzt man die Kaseinlösung zu. Schwefel, Zinkoxyd, Revertex und Beschleuniger Vulkazit (2 T. P + 1 T. 274) mischt man am besten vor Zugabe in das Rührwerk für sich. Den Schwefel mahle man in einer Kugel-

oder noch besser Kolloidmühle mit etwas Wasser und Nekal BX fein. Das Zinkoxyd soll den Beschleuniger zur vollen Wirkung bringen. Die Vulkanisation findet dann schon bei 5 Stunden langem Hängen der bestrichenen Gewebe bei 60—80° statt oder innerhalb 15 Minuten bei 110° (oder innerhalb acht Tagen bei Zimmertemperatur).

Die Mischung wird schließlich durch ein kupferfreies Sieb gegeben.

Gerakelt wird auf der Spreadingmaschine (Abb. 94).

Die Masse wird vor einem feststehenden Messer *M* auf die Stoffbahn aufgetragen. Der Stoff läuft von der Wickelwalze *W* über die Auftragswalze *w* und nach der Gummierung über geheizte Platten *P* über die Zugwalze *z* zur Aufwickelwalze *A*.

Für leichte Waren kommt man mit 30 g Kautschuk auf 1 m² nach dem Verdampfen des Wassers aus (Wollen- und L.-Ind. 1930, 415).

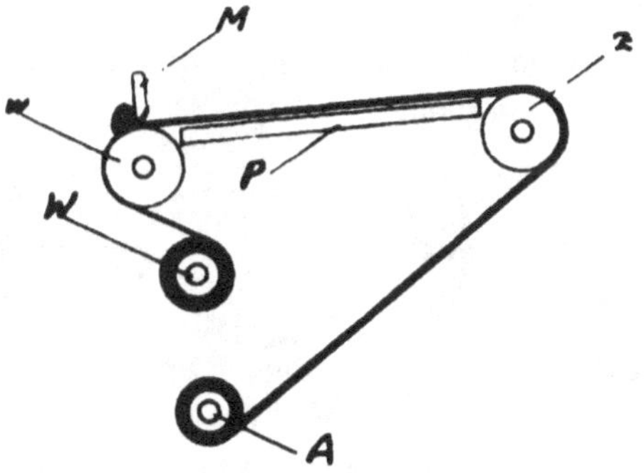

Abb. 94. Spreadingmaschine.

Für höhere Beanspruchung auf Wasserfestigkeit, z. B. bei Bekleidungsstoffen, Autoverdecken, Turnschuhen, geht man bis zu 100 g auf 1 m².

Für gummierte Treibriemen aus Gewebe lagert man sogar 450 g auf 1 m² auf die Innenseite der Gewebebahn, mit der der Riemen zusammengelegt wird.

Die Verwendung des Latex auf Grund seiner Klebkraft zum Kaschieren und Dublieren von Geweben, zur Herstellung von Schuhwaren und zum luftdichten Verschluß von Blechbüchsen für Konserven und Flaschen kann hier nur gestreift werden.

Sehr wichtig ist noch die Tränkung des Kordgewebes mit Latex. Kordgewebe bildet den Unterbau des Autoreifens und hat ganz wenig oder gar keine Schußfäden.

Dementsprechend bedeutet die Bezeichnung 23/5/3 für ein Kordgewebe, daß auf 1 inch 23 Fäden kommen; jeder Kordfaden ist dreifach gezwirnt und jeder Zwirnfaden ist fünffach gedrallt.

Ein derartiges schußfreies „Gewebe" läßt sich viel gleichmäßiger tränken, wenn die parallel laufenden Fäden unter einer Trommel durch ein Latexbad geführt werden.

Sie laufen dann sofort über Trockenwalzen und haben nach der Verdunstung des Wassers bis zu 25 % Kautschuk aufgenommen und werden untereinander durch einen Kautschukfilm zusammengehalten.

Anstatt mit Latex kann man auch mit dem daraus gewonnenen Kautschuk wasserdicht machen. Der Rohkautschuk muß dann aber erst auf Walzwerken verarbeitet werden.

Er wird zunächst zwischen zwei nebeneinanderliegenden, durch Rapporträder miteinander verbundenen Walzen gewaschen, um (2—40 %) Fremdkörper und wasserlösliches Serum zu entfernen. Er wird von den Walzen unter Berieselung zerrissen und wieder zu einem zusammenhängenden Fell vereinigt.

Die getrockneten Felle werden auf dem Mischwalzwerk (Mastikator) solange geknetet, bis ein nicht mehr elastischer bildsamer Teig (Mastix) entstanden ist. Der Mastikator besteht aus zwei nebeneinander liegenden glatten Walzen, die mit verschiedener Geschwindigkeit gegeneinander laufen. Die Walzen sind sowohl heizbar als auch abzukühlen, so daß die für die Knetung günstige handwarme Temperatur eingehalten werden kann (Abb. 95).

Den so gewonnenen Mastix kann man nun auf Kalandern (Abb. 96) zu Platten ausziehen.

Abb. 95.
Mastikation.

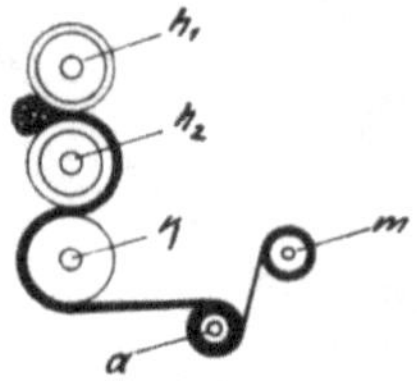

Abb. 96.
3-Walzen-Gummikalander.

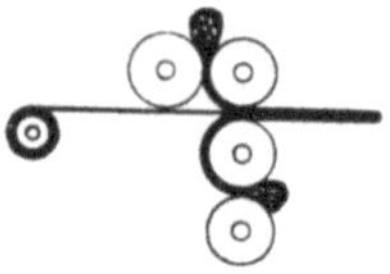

Abb. 97.
Doppelbelag auf Kord.

Die Masse geht durch die in bestimmtem Abstande voneinander eingestellten heißen Walzen h_1 und h_2, wird an der kalten Walze k fest und wickelt sich mit dem von der Mitläuferwalze m kommenden Stoff auf die Aufwickelwalze a auf.

Wählt man einen Friktionskalander (Bd. III, 409), so wird die Gummimasse zugleich in das Gewebe hineingedrückt („friktionieren"). Beide Verfahren werden auch auf Kordgewebe angewendet. Auch kann man mit Hilfe eines 4-Walzenkalanders doppelt und beidseitig belegen (Abb. 97).

Auch kann man mit dem Mastix eine Stoffbahn belegen („plattieren"), wenn man beide zugleich durch einen Rollkalander schickt (Abb. 98).

Der knotenfreie Stoff (Nessel, Crêpe de Chine) wird durch einen Vorläufer von der Wickelwalze w_1 durch den Hauboldschen Gummikalander I gezogen, dessen Walzen ebenso nach einer Skala eingestellt sind wie die des Dublierkalanders III. Nach dem Gummieren mit der erhitzten Gummimasse g läuft die Stoffbahn durch die Pudermaschine, die durch Aufstreuen von Talkum, Luftkreide, Kartoffelmehl und dergleichen der Gummifläche die Klebkraft nimmt. Soll dubliert werden, so läuft die Stoffbahn nach der Gummierung unter dem Ventilator IV und über der Wärmeplatte p, die den Gummi auf der richtigen Temperatur halten soll, zum Dublierkalander, in den gleichzeitig eine zweite Bahn von der Wickelwalze w_3 eintritt. Die dublierte Ware wird nicht vulkanisiert. Die nur gestrichene wird am besten in einer Hänge vulkanisiert.

Vulkanisiert wird entweder kalt oder heiß.

Bei der Kaltvulkanisation wird die gestrichene Gummischicht mit Schwefelchlorür — Schwefelkohlenstoffgemisch oder mit Schwefelchlorürdampf behandelt. Nach wenigen Minuten wird im Entlüftungsraum das überschüssige Schwefelchlorür abgesaugt. Damit das zurückbleibende Schwefelchlorür nicht mit der Luftfeuchtigkeit Salzsäure bilden und das Gewebe zerstören kann, setzt man der Gummimischung Magnesia zu, z. B. nach Musterkarte I. G. 656/C auf 60 T.

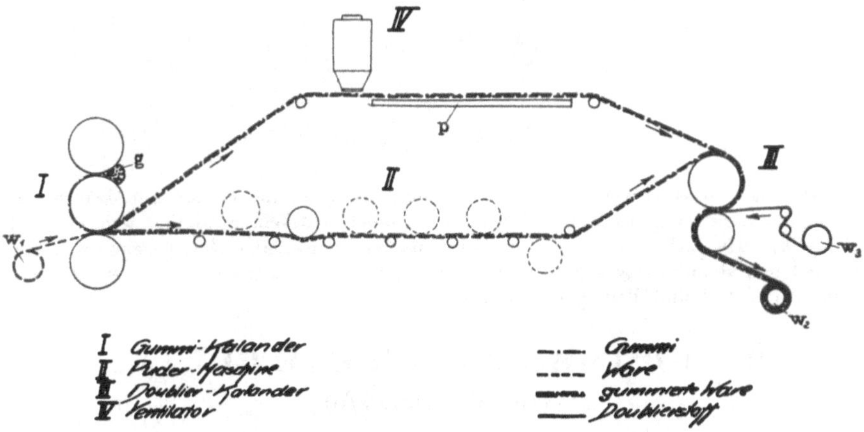

Abb. 98. Plattieren mit Gummi.

hellen Plantagenkautschuk („Crepe") und 40 T. weißen „Faktis" (Weichkautschukersatz aus [Rüb-, Kolza- oder Rizinus-]ölen, mit 15 bis 20 T. Schwefelchlorür vermischt), 2 T. Magnesiumoxyd leicht.

Bei der Heißvulkanisation kann man mit Dampf oder mit heißer Luft arbeiten.

Die Heißdampfvulkanisation stellt naturgemäß die höchsten Ansprüche an die Beständigkeit der Farbstoffe.

Die I. G. prüft ihre Farbstoffe, indem sie das Gewebe mit folgender Mischung bestreicht oder tränkt: 100 Teile heller Crepe, 3 Teile Schwefel, 1 Teil Vulkazit 1000, 5 Teile Zinkoxyd und 1 Teil Stearinsäure. Das getrocknete Gewebe wird mit einem Zwischenläufer auf eine Trommel gewickelt, in einem Gummisack dampfdicht verschlossen und eine Stunde bei 143° vulkanisiert.

Die Heißluftvulkanisation verwendet 110—130° heiße Luft, häufig unter Beimischung von Ammoniak und Anwendung von 3 Atm.

Druck. Die in der Musterkarte der I. G. vorhandenen Färbungen sind alle sehr gut heißluftvulkanisierecht.

Man kann auch Gewebe einseitig mit Guttaperchafolie bekleben (Abb. 99, Z. ges. Textilind. 1929, 587).

Die glattkalanderte Ware läuft von der Walze *w*, die Guttaperchafolie von der Walze *g* und ein nasses Tuch von der Walze *n* ab. Alle drei Bahnen laufen in den Filzkalander ein zwischen die geheizte Trommel *t* und den um drei Leitwalzen geführten endlosen Filz *f*. Die durch das nasse Tuch hindurchdringende Wärme erweicht die

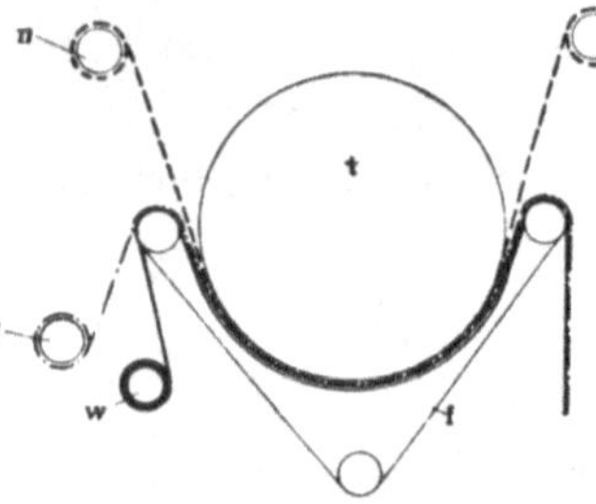

Abb. 99. Plattieren mit Guttaperchafolie.

Guttapercha; diese verklebt mit dem trockenen Gewebe, nicht aber mit dem nassen Tuch, das noch beim Austritt aus dem Filzkalander naß sein muß und sich naß auf Walze n_1 aufwickelt. Die trockene, mit Guttapercha beklebte Gewebebahn wird abgetafelt und verkühlen gelassen. Erst, wenn die Guttapercha ganz erstarrt ist und nicht mehr klebt, darf die Ware gerollt werden.

II. PORÖS-WASSERDICHTE GEWEBE
(für Kleiderstoffe).

Hier bleiben die Poren des Gewebes frei oder sie werden wieder frei, nachdem das Lösungsmittel für den wasserabstoßenden Stoff (z. B. Benzol für Fett, Paraffin) nach dem Tränken wieder verdunstet ist. Die Poren dürfen nicht zu weit sein, sollen sie nicht doch Wasser durchlassen; auch dürfen sie nicht zu eng sein, sollen sie sich nicht luftdicht schließen. Das Gewebe muß also in der passenden Dichte eingestellt sein.

Die Gewebe sind zwar bereits im rohen Zustande nur wenig netzbar, infolge des Fett- und Wachsgehaltes der natürlichen Gespinstfaser. Diese natürlichen Bestandteile müssen aber vorher entfernt werden, wenn das Gewebe gefärbt werden soll. Man lagert daher durchgehends künstliche wasserabstoßende Mittel ein und muß zu diesem Zwecke ebenfalls die natürlichen vorher entfernen, um die Faser aufnahmefähig zu machen. Das Gewebe wird also zunächst nach den unter Vorappretur (Bd. IV, 67) beschriebenen Verfahren gereinigt und scharf getrocknet. Nun wird auf den in der Stückfärberei gebräuchlichen

Maschinen, Jigger, Pflatsch- und Klotzmaschine (Bd. III, 365, 370) getränkt. Zwecks gründlicher Durchtränkung stapelt man auch das Gewebe in einem Korb von passender Form auf, setzt diesen in einen Zylinder, pumpt luftleer und läßt danach die Flüssigkeit hinzutreten. Das getränkte Gewebe wird durch Abstreichen oder Abpressen von überschüssiger Flüssigkeit befreit und auf den Bd. III, 403 beschriebenen Maschinen getrocknet. Nun wird unter Umständen abermals getränkt und entsprechend weiter behandelt. Schließlich wird kalandert (Bd. III, 409), um dem Gewebe dichteren Schluß zu erteilen.

Die Verfahren lassen sich in chemischer Beziehung in zwei große Gruppen einteilen:

1. Die Flüssigkeit enthält bereits den wasserabstoßenden Stoff. Dabei kann er entweder gelöst a) oder emulgiert b) oder geschmolzen c) oder fest d) sein.

a) Man verwendet z. B. 10 %ige Lösungen von Lanolin, Paraffin, Wachs, Stearin, Vaselin, Ozokerit, Kolophonium, Kopal, Walrat, Petroleum, Rizinusöl, Palmitin, Hammeltalg, Karnaubawachs oder Metallseifen, z. B. Zinkseifen nach D. R. P. 124973 von Thornton und Rothwell, oder Aluminiumseife, sogenannter Seifenlack („Sepa" des Handels) nach Agostini, in Benzol, Benzin, Terpentinöl, Schwefelkohlenstoff, Naphtha, Mineral- und ätherischen Ölen (letztere zugleich zum Durchduften). Nach Verfahren a) werden z. B. wasserdichte Zeltbahnen und Rucksäcke hergestellt, ferner sind die sogenannten Öltuche für seefeste Verpackung paraffinierte Nesselgewebe und mit weitmaschigem Organdin unterlegte Papiere. Hierher gehört auch das Tränken mit Latex oder Lösungen von Kautschuk in Benzin (oder Benzol), seltener Schwefelkohlenstoff und nachträgliche Vulkanisierung der gummierten Stoffe.

b) Man bereitet sich eine Emulsion des vorher geschmolzenen Fettes, entweder in Salmiakgeist — z. B. 10 Teile geschmolzenes Wollfett werden mit 10 Teilen Wasser und 1 Teil Ammoniak, spez. Gewicht 0,91 verrührt und 80 Teile lauwarmes Wasser hinzugefügt und bis zum Erkalten gerührt — oder nach den D. R. P. 166350 und 179698 der chemischen Fabrik Flörsheim in wässerigen Lösungen der Ammonsalze von Fett- oder Harzsäuren. In diesem Falle verflüchtigt sich das Ammoniak in der Wärme, und Fett- oder Harzsäuren scheiden sich mit dem Lanolin in der Faser ab. Hierher gehört auch Ramasit WD (I. G.), eine Emulsion von Paraffin in Nekallösung. Man tränkt z. B. wollene Badeanzüge mit 15 ccm Ramasit WD extra konzentriert und 15 ccm Aluminiumazetat 6° Bé im Liter, quetscht ab und trocknet bei 75° (G. Rudolph, Z. ges. Textilind. 1931, 120).

c) Ganz selten verwendet man die Öle als solche, z. B. werden grobe Tuchsorten, wie Forstkleider und Soldatenmäntel, mit einem Gemisch von 1 Teil Holzöl und 5 Teilen Kottonöl eingebürstet, oder geschmolzenes Paraffin wird mittels hochgespanntem Dampf als Sprühregen auf das vorüberziehende Tuch aufgestäubt.

d) Geschmolzenes Paraffin und Wachs oder Vaseline werden in feste Form, große Stangen, breiter als das Gewebe, gegossen. Die etwa 10 cm dicken Stangen werden durch einen Rahmen wagrecht gehalten. Das Gewebe geht erst durch eine Dampfkammer und darauf unter der Stange durch, wobei es etwas Paraffin abreibt. Darauf läuft es über einen heißen Trockenzylinder, wo das Paraffin schmilzt und in die Ware hineingebügelt wird.

2. Die Flüssigkeit enthält einen Stoff in Lösung, der erst nach dem Eintrocknen auf der Faser durch die Einwirkung von Wärme, Licht oder chemischer Umsetzung wasserabstoßend wird. Fast allen diesen Verfahren liegt die Anwendung von Aluminiumformiat oder -azetat zugrunde, und man kann eine Einteilung nach dem Gesichtspunkt vornehmen, ob diese Salze für sich allein (Einbadverfahren) oder in Wechselwirkung mit anderen (Zweibadverfahren) benutzt werden.

a) Aluminiumformiat oder -azetat für sich. Tränkt man ein Gewebe mit einer Lösung von einfach basischem Aluminiumazetat, so bildet sich beim Trocknen, besonders in der Wärme, das unlösliche, wasserabstoßende, zweifach basische Salz infolge von Hydrolyse:

$$Al(C_2H_3O_2)_2 \cdot OH + H \cdot OH = Al(C_2H_3O_2) \cdot (OH)_2 + H \cdot C_2H_3O_2.$$

Entsprechend verläuft der Vorgang beim Aluminiumformiat. Andere Tonerdesalze kommen nicht in Frage, da sie nicht so weitgehender Hydrolyse unterliegen und auch die vegetabilische Faser angreifen würden. Besondere Vorsicht ist deshalb auch bei Herstellung der essigsauren aus schwefelsaurer Tonerde geboten, daß alle Schwefelsäure entfernt wird, was nach der Vorschrift von Crum gelingt:

30 Teile Aluminiumsulfat werden in 80 Teilen Wasser gelöst, mit 36 Teilen Essigsäure, spez. Gewicht 1,041, versetzt und 13 Teile Kreide, in 20 Teilen Wasser aufgeschlämmt, langsam eingetragen. Nach 24stündiger Einwirkung, unter fortgesetztem Rühren, wird die Lösung vom ausgeschiedenen Gips abgegossen.

Bei der Anwendung der gewöhnlichen, 6° Bé starken Lösungen ist zu beachten, daß sie nie über 35° erwärmt werden dürfen, soll das Bad nicht durch vorzeitigen Eintritt der obenerwähnten Hydrolyse getrübt werden. Wenn daher auch die Tränkung lauwarm bis 30° vorgeschrieben wird, so ist doch die Erwärmung mit Hilfe einer Dampfschlange unstatthaft, da das Dampfrohr binnen kurzem durch Abscheidungen verkrustet wäre. Man erwärme vielmehr mittels einer Metallschlange, durch welche 38° warmes Wasser kreist. Getrocknet werde in der Heißluftkammer mit waagrechtem Lauf bei mindestens 50°. Besonders helle Gewebe werden auf kupfernen Trockenzylindern infolge der Einwirkung der Essigsäure leicht striemig. Zur Rückgewinnung der entweichenden Essigsäure leite man die Abluft durch Kalkmilch.

b) Seife und Aluminiumformiat oder -azetat. Die durch doppelte chemische Umsetzung auf der Faser entstehende gallertige Aluminiumseife ist schon lange als wasserabstoßendes Mittel im Gebrauch. Die Seifenlösung nehme man je nach Bedarf 1—5 %ig. Als Beispiel diene die folgende Vorschrift von Cassella (Nr. 3707, 30) zum Wasserdichtmachen von Papiergeweben, in der der Leim zur Festigung und Holzschliff sowie Lithopone zur Füllung des Gewebes gegeben werden:

5 kg Leim werden aufgeweicht und aufgekocht; dazu 2½ kg Holzschliff (auf trockenen, gut gemahlenen Holzschliff berechnet), 5 kg Seife, vorher in weichem Wasser gelöst, 4 kg Lithopone, vorher mit wenig Wasser angeteigt, 50—200 g Nerazin G gegeben, vorher in weichem Wasser heiß gelöst. Das Ganze wird mit Wasser auf 100 l eingestellt und gut durchgekocht. Das trockene, vorgefärbte Gewebe wird durch dieses Bad hindurchgeführt, getrocknet und kalandert. Es folgt Aluminiumformiat (6° Bé), worauf wieder getrocknet und kalandert wird. Diese Reihenfolge der Bäder ist besser als umgekehrt; man müßte sonst die das Netzen begünstigende Seife gründlich ausspülen oder durch ein drittes Bad mit Tonerde auch noch in Aluminiumseife überführen (Vorschrift des königlich preußischen Kriegsministeriums).

Neuerdings erzeugt man durch die entsprechende chemische Umsetzung die zugleich antiseptisch wirkende Kupferseife auf der Faser, indem man das Gewebe erst durch heiße 20 %ige Seifen- und danach durch 8 %ige Kupfersulfatlösung führt, ferner die Zink- und die Kalkseife. Die Vorschrift der BASF Nr. 239a für das Wasserdichtmachen von Papiergarngeweben gibt nach dem Abquetschen von der 1 %igen Seifenlösung ein kaltes Bad Zinkformiat 3—4° Bé, danach abquetschen und heiß trocknen.

c) Natriumaluminat und Aluminiumformiat oder -azetat nach Chevallot und Girres. Das erste Bad enthält Natriumaluminat und Seife, das zweite Aluminiumazetat. Nach beiden

Bädern wird getrocknet. Neben Aluminiumseife wird nach der Gleichung:

$$2\,Na_3AlO_3 + Al_2(C_2H_3O_2)_6 + 6\,H_2O = 2\,Al_2(OH)_6 + 6\,C_2H_3O_2Na$$

Aluminiumhydroxyd abgeschieden und, wenn man im zweiten Bade Zink- oder Bleiazetat verwendet, neben Aluminiumhydroxyd Zink- oder Bleihydroxyd außer den entsprechenden Zink- oder Bleiseifen.

d) Wasserglas und Aluminiumformiat oder -azetat. Das entstehende gallertige Aluminiumsilikat wirkt ähnlich wie Aluminiumseife wasserabstoßend.

e) Tannin und Aluminiumazetat. Von den angeführten Verfahren sind hauptsächlich die beiden ersten praktisch erprobt und im großen bewährt. Die Verfahren d) und e) finden sich in der Vorschrift von Cassella (Nr. 3705) zum Wasserdichtmachen von Sandsackstoffen und Papiergarn: das Gewebe wird mit 80 g Leim, 1½ g Tannin, 1½ g Wasserglas (37° Bé) in 1 l Wasser bei 50° getränkt und mit basischem Aluminiumformiat (6° Bé) behandelt.

Die Prüfung auf Wasserdichtigkeit geschieht bei hinreichender Größe des Versuchsstücks am besten durch den Muldenversuch. So werden nach der Dienstanweisung für die Bekleidungsämter, Bd. I, 221, Uniformtuche, Zeltbahnen, Brotbeutel und Tornisterstoffe in der Weise geprüft, daß quadratische Ausschnitte von 50 cm muldenförmig in einen Rahmen gespannt und mit Wasser von 75 mm Höhe (von der tiefsten Muldenstelle aus gerechnet) belastet werden. Nach 24 Stunden darf das Wasser zwar durchschwitzen, aber nicht durchtropfen. (S. a. E. Zieger, M. f. Textilind. 1931, 398; G. Durst, T. 1924, 473, 547.)

Literatur: L. E. Andes, Feuersicher-, Geruchlos- und Wasserdichtmachen. 2. Aufl. Wien 1922. — P. Alexander, Kautschuk, Ullmann, Enzyklopädie der technischen Chemie, Bd. VI, 491. — Eßlinger, Die Fabrikation des Wachstuchs. — H. Fischer, Geschichte, Eigenschaften und Fabrikation des Linoleums. 2. Aufl. 1924. — F. Fritz, Das Linoleum und seine Fabrikation. 1926. Ullmann, Bd. VII, 356. — A. Horst, Linoleum (R. O. Herzog, Chem. Technologie der organ. Verbind. 2. Aufl. 1927). — Th. Koller, Die Imprägnierungstechnik. Wien 1926. — K. Micksch, Methoden zur wasserdichten Imprägnierung von Textilstoffen. Berlin 1917 und Kunststoffe 1915, 229; 1916, 34; 1925, 35. — S. Mierzinsky, Herstellung wasserdichter Stoffe und Gewebe. Berlin 1897. — H. Pearson, Das Wasserdichtmachen von Textilien, übersetzt von P. Krais. Dresden 1928. — Aus Zeitschriften: Zusammenstellung der Patente:

Kausch, Kunststoffe 1912, 29; 1914, 145; Durst, Kunststoffe 1912, 145 und Ullmann, Bd. VII, 272. Die Fabrikation wasserdichter Stoffe (Gummizeitung). Kunststoffe 1914, 269. — H. Mayer, Über das Wasserdichtmachen von Geweben. Der chemisch-technische Fabrikant, Beiblatt zur Seifensieder-Ztg. 1915, 242. — Schwarz, Die Herstellung wasserdichter Gewebe. Kunststoffe 1925, 49. — R. Taubitz, Das Wasserdichtmachen der Stoffe. Zeitschrift für die gesamte Textilindustrie 1927, 697. — H. Wandrowsky, Wasserdichtmachen von Papier. Papier-Ztg. 1915, 500ff. — H. Jäger, Herstellung wasserdichter Gewebe. T. 1926, 149.

d. Herstellung flammensicherer Stoffe.

Die Gespinstfasern und die daraus hergestellten Stoffe sind je nach ihrer Herkunft mehr oder weniger leicht verbrennbar.

Pflanzenfasern (Bd. II, 2) brennen leicht, weil sie in der Hauptsache aus Zellulose, also Kohlenstoff, Wasserstoff und Sauerstoff bestehen.

Tierische Fasern (Wolle Bd. II, 189 und Seide 228) brennen schwieriger, weil ihr Grundstoff Keratin und Fibroin rund 17 % Stickstoff enthält.

Mineralische Fasern (Bd. II, 239) sind zwar an sich nicht brennbar, müssen aber zur Verspinnung mit anderen Fasern vermischt werden.

Von den Kunstseiden sind die aus Zellulosehydrat bestehenden, also Nitrat- und Kupferseide und Viskose, ebenso brennbar wie Baumwolle, die aus Zelluloseazetat bestehende Azetatseide dagegen schmilzt in der Wärme und verbrennt nur schwierig (Bd. III, 491).

Man kann also durch entsprechende Auswahl des Faserrohstoffs die Brennbarkeit des Gewebes herabsetzen.

Wo dies noch nicht genügt und wo leicht entzündbare Gewebe aus Baumwolle u. dgl. wegen ihrer Billigkeit verwendet werden müssen, setzt die Technik des Flammensichermachens ein. Sie kann das Gewebe nicht unverbrennlich machen, aber sie bewirkt, daß es nicht mehr zur Flammenbildung und zur schnellen Ausbreitung des Feuers kommt. Ein flammensicheres Gewebe darf in eine Flamme gehalten nur glimmen.

Die Flammenschutzmittel, mit denen das Gewebe getränkt wird, erreichen ihren Zweck auf drei Wegen:

1. Einlagerung unverbrennlicher Stoffe in die Faser. In diesem Sinne sind alle mineralischen Beschwerungsstoffe Flammenschutzmittel (S. 23). So ist insbesondere die mit Zinnphosphatwasserglas beschwerte Seide vollkommen flammensicher.

2. Einlagerung solcher Stoffe, die beim Verbrennungsvorgang schmelzen und die Faser mit einer luftundurchlässigen Schicht überziehen. Hierhin gehören besonders die Salze, die in ihrem Kristallwasser schmelzen, z. B. Borax.

3. Einlagerung solcher Stoffe, die beim Verbrennungsvorgang Gase entwickeln und auf diese Weise die Luft am Zutritt verhindern. Dabei kann man zwei Hauptgruppen von Salzen unterscheiden:

a) die kristallwasserreichen, die viel Wasserdampf entwickeln, z. B. Alaun und Aluminiumsulfat,

b) die Ammonsalze, die Ammoniak entwickeln.

Die Wahl des richtigen Flammenschutzmittels hängt von vielerlei Umständen ab. Die hauptsächlichsten sind folgende:

1. Das Gewebe darf in seiner Haltbarkeit nicht allzu sehr geschwächt werden. Bis zu einem gewissen Grade wird die Faser durch die Einlagerung größerer Mengen von Fremdkörpern immer geschädigt.

Bei Geweben aus Pflanzenfasern dürfen die Flammenschutzmittel nicht sauer sein und auch später keine Säure entwickeln, z. B. Ammonsalze beim Bügeln.

Nach G. Cohn (Ullmann, Bd. V, 392) zerstört Ammonsulfat das Gewebe schon in kurzer Zeit; ebenso Alaun, Aluminiumsulfat, Magnesiumsulfat und Zinkchlorid. Ungefährlich sind Ammonphosphat, Ammonmagnesiumphosphat und Magnesiumchlorid.

2. Die Herstellung soll billig sein.

Teuer ist z. B. das ausgezeichnete Natriumwolframat (Bd. I, 173). Man verwendet auf den Liter Tränkungsbad 200 g Natriumwolframat und 40 g Natriumphosphat oder 10 g Natriumwolframat, 20 g Borax und 60 g Alaun.

Teuer sind ferner die Zweibadverfahren, z. B.:

a) 150 g Borax im Liter, b) 110 g Magnesiumsulfat im Liter. Auf der Faser entsteht schwerlösliches Magnesiumborat oder

a) 60 g Natriumphosphat im Liter, b) 20 g Ammoniak und 20 g Magnesiumchlorid im Liter. Auf der Faser bildet sich unlösliches Magnesiumammonphosphat.

3. Wenn das Gewebe dem Regen ausgesetzt oder sonst gewaschen wird, sollen die Flammenschutzmittel wasserbeständig sein.

In dieser Hinsicht bewährt sich das Zinnoxyd. Nach W. H. Perkin (Ch. Ztg. 1912, 1131; D.R.P. 152471) wird das Gewebe mit Natriumstannatlösung, spez. Gewicht 1,225, getränkt, abgequetscht, auf Kupfertrommeln getrocknet, durch Ammonsulfat, spez. Gewicht 1,075, genommen, abgequetscht und getrocknet. An Stelle des Ammonsulfates kann auch nach D. R. P. 299773 von W. Häher kohlensäurehaltiges Wasser oder nach D. R. P. 320177 von Whipp Bros. & Tod kohlensäurehaltiger Wasserdampf treten.

Neben Zinnoxyd wird auch Titansäure in der Faser niedergeschlagen, indem nach dem D. R. P. 151641 von W. Warr das mit

Natriumstannatlösung (spez. Gewicht 1,06) vorbehandelte Gewebe mit 300 g Titannatriumsulfat und 75 g Ammonsulfat im Liter getränkt und danach durch Wasserglas (spez. Gewicht 1,1) gezogen wird.

Die Verfahren sind teuer.

4. Die Farbe des Gewebes darf nicht beeinträchtigt werden.

Papier wird ebenso flammensicher gemacht wie Gewebe. Wertpapiere, Urkunden kann man durch Bespritzen mit Zellon (nach D. R. P. 238 348 gelatinierte und nach D. R. P. 287 745 und 296 205 von A. Eichengrün zu Zelluloid verarbeitete Azetylzellulose, in Frankreich Sicoid, Rhodoid genannt) gegen Verbrennung schützen.

Theaterdekorationen kann man z. B. mit einer Mischung von 1 Teil Stärke, 3 Teilen Leim, 3 Teilen Ammonchlorid, 1 Teil Borsäure, 1 Teil Kalifeldspat in 30 Teilen Wasser bestreichen.

(Christbaum)watte wird mit 80 g Ammonsulfat, 25 g Ammonkarbonat, 20 g Borax, 30 g Borsäure und 4 g Gelatine im Liter getränkt (Seifensiederztg. 1913, 319).

Literatur: L. E. Andès, Feuersicher-, Geruchlos- und Wasserdichtmachen. Wien-Leipzig 1922. — G. Cohn, Flammenschutzmittel, Ullmann Bd. V, 387. Berlin-Wien 1930. — W. Hacker, Imprägnierung gegen Feuer. Kunststoffe 1920, 61. — E. O. Rasser, Feuerfestmachen. M. f. Textilind. 1922, 95. — Winter, Der Flammenschutz von Geweben. Z. ges. Textilind. 1926, 424.

Druck von Siegfried Scholem, Berlin-Schöneberg.

Verzeichnis der Stichwörter.

Verzeichnis der Namen

BEZUGSQUELLEN

Die Anzeigen erscheinen unter Verantwortung der Verlagsbuchhandlung.

Kolibri 360 GmbH
Ferdinand-Jühlke-Straße 7
99095 Erfurt, Deutschland
produktsicherheit@kolibri360.de